초등 수학의 기본은 연산력!!

신기한 연산왕

B-1 초2 수준

초등 수학의 기본은 연산력!!

신기한

연산왕

B-1 초2 수준

구성과 특징

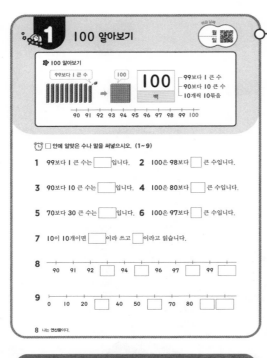

1 100 알아보기

월
일

■ 100 알아보기

99보다 1 큰 수 → 100

100
백

99보다 1 큰 수
90보다 10 큰 수
10개씩 10묶음

90 91 92 93 94 95 96 97 98 99 100

□ 안에 알맞은 수나 말을 써넣으시오. (1~9)

1 99보다 1 큰 수는 □입니다. **2** 100은 98보다 □ 큰 수입니다.

3 90보다 10 큰 수는 □입니다. **4** 100은 80보다 □ 큰 수입니다.

5 70보다 30 큰 수는 □입니다. **6** 100은 97보다 □ 큰 수입니다.

7 10이 10개이면 □이라 쓰고 □이라고 읽습니다.

8 90 91 92 □ 94 □ 96 97 □ 99 □

9 0 10 20 □ 40 50 □ 70 80 □ □

8 나는 연산왕이다.

원리+익힘

연산의 원리를 쉽게 이해하고 빠르고 정확한 계산 능력을 얻을 수 있도록 구성하였습니다.

신기한 연산

연산 능력과 창의사고력 향상이 동시에 이루어질 수 있는 문제로 구성하여 계산 능력과 창의사고력이 저절로 향상될 수 있도록 구성하였습니다.

8 신기한 연산

월
일

정해진 규칙으로 뛰어 세기를 하려고 합니다. 빈 곳에 알맞은 수를 써넣으시오.
(1~6)

1 ⎡1씩 뛰어서 세기⎤
□ — □ — 697 — □ — □ — □

2 ⎡2씩 뛰어서 세기⎤
□ — □ — 532 — □ — □ — □

3 ⎡3씩 뛰어서 세기⎤
□ — □ — 473 — □ — □ — □

4 ⎡10씩 뛰어서 세기⎤
□ — □ — 784 — □ — □ — □

5 ⎡100씩 뛰어서 세기⎤
□ — □ — 345 — □ — □ — □

6 ⎡50씩 뛰어서 세기⎤
□ — □ — 625 — □ — □ — □

34 나는 연산왕이다.

확인 평가

□ 안에 알맞은 수나 말을 써넣으시오. (1~8)

1 99보다 1 큰 수를 □이라 쓰고 □이라고 읽습니다.

2 100이 3개이면 □이고 □이라고 읽습니다.

3 100이 7개이면 □이고 □이라고 읽습니다.

4 100이 9개이면 □이고 □이라고 읽습니다.

5

백의 자리 숫자	십의 자리 숫자	일의 자리 숫자
5	2	4

쓰기 : □
읽기 : □

6

백의 자리 숫자	십의 자리 숫자	일의 자리 숫자
6	4	0

쓰기 : □
읽기 : □

7

백의 자리 숫자	십의 자리 숫자	일의 자리 숫자
7	0	8

쓰기 : □
읽기 : □

8

백의 자리 숫자	십의 자리 숫자	일의 자리 숫자
1	2	6

쓰기 : □
읽기 : □

36 나는 연산왕이다.

확인평가

단원을 마무리하면서 익힌 내용을 평가하여 자신의 실력을 알아볼 수 있도록 구성하였습니다.

👑 크라운 온라인 단원 평가는?

👑 크라운 온라인 평가는?

단원별 학습한 내용을 올바르게 학습하였는지 실시간 점검할 수 있는 온라인 평가 입니다.

- 온라인 평가는 매단원별 25문제로 출제 되었습니다
- 평가 시간은 30분이며 시험 시간이 지나면 문제를 풀 수 없습니다
- 온라인 평가를 통해 100점을 받으시면 크라운 1개를 획득할 수 있습니다.

👑 온라인 평가 방법

에듀왕닷컴 접속		메인 상단 메뉴에서		단계 및 단원 선택
www.eduwang.com	⟫	단원평가 클릭	⟫	
신규 회원 가입 또는 로그인		닷컴 메인 메뉴에서 단원 평가 클릭		평가하고자 하는 단계와 단원을 선택

크라운 확인		온라인 단원 평가 종료		온라인 단원 평가 실시
마이페이지에서 크라운 확인 후 크라운 사용	⟪	종료 후 실시간 평가 결과 확인	⟪	30분 동안 평가 실시

👑 유의사항

- 평가 시작 전 종이와 연필을 준비하시고 인터넷 및 와이파이 신호를 꼭 확인하시기 바랍니다
- 단원평가는 최초 1회에 한하여 크라운이 반영됩니다. (중복 평가 시 크라운 미 반영)
- 각 단원 평가를 통해 100점을 받으시면 크라운 1개를 드리며, 획득하신 크라운으로 에듀왕닷컴에서 판매하고 있는 교재 및 서비스를 무료로 구매 하실 수 있습니다 (크라운 1개 – 1,000원)

연산왕 단계별 학습 내용

A-1
(초1수준)
1. 9까지의 수
2. 9까지의 수를 모으고 가르기
3. 덧셈과 뺄셈

A-2
(초1수준)
1. 19까지의 수
2. 50까지의 수
3. 50까지의 수의 덧셈과 뺄셈

A-3
(초1수준)
1. 100까지의 수
2. 덧셈
3. 뺄셈

A-4
(초1수준)
1. 두 자리 수의 혼합 계산
2. 두 수의 덧셈과 뺄셈
3. 세 수의 덧셈과 뺄셈

B-1
(초2수준)
1. 세 자리 수
2. 받아올림이 한 번 있는 덧셈
3. 받아올림이 두 번 있는 덧셈

B-2
(초2수준)
1. 받아내림이 한 번 있는 뺄셈
2. 받아내림이 두 번 있는 뺄셈
3. 덧셈과 뺄셈의 관계

B-3
(초2수준)
1. 네 자리 수
2. 세 자리 수와 두 자리 수의 덧셈과 뺄셈
3. 세 수의 계산

B-4
(초2수준)
1. 곱셈구구
2. 길이의 계산
3. 시각과 시간

차례

1

세 자리 수

1 100 알아보기

⭐ 100 알아보기

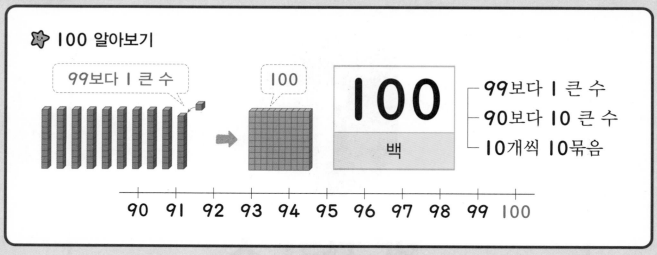

99보다 1 큰 수 → 100

100
백

— 99보다 1 큰 수
— 90보다 10 큰 수
— 10개씩 10묶음

90 91 92 93 94 95 96 97 98 99 100

⏰ ☐ 안에 알맞은 수나 말을 써넣으시오. (1~9)

1 99보다 1 큰 수는 ☐ 입니다.

2 100은 98보다 ☐ 큰 수입니다.

3 90보다 10 큰 수는 ☐ 입니다.

4 100은 80보다 ☐ 큰 수입니다.

5 70보다 30 큰 수는 ☐ 입니다.

6 100은 97보다 ☐ 큰 수입니다.

7 10이 10개이면 ☐ 이라 쓰고 ☐ 이라고 읽습니다.

8

90 91 92 ☐ 94 ☐ 96 97 ☐ 99 ☐

9

0 10 20 ☐ 40 50 ☐ 70 80 ☐ ☐

계산은 빠르고 정확하게!

걸린 시간	1〜4분	4〜6분	6〜8분
맞은 개수	19〜21개	15〜18개	1〜14개
평가	참 잘했어요.	잘했어요.	좀더 노력해요.

왼쪽과 오른쪽을 모아 100원이 되도록 하려고 합니다. 빈 곳에 알맞은 수를 써넣으시오. (10 ~ 21)

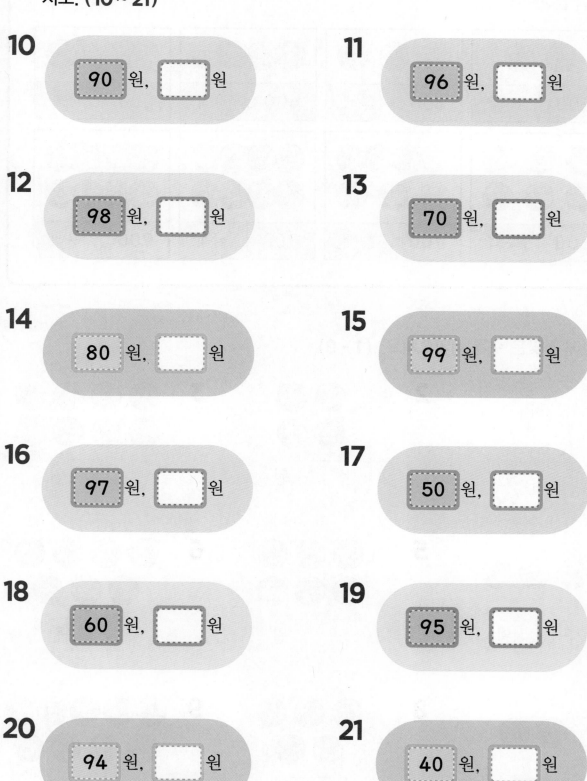

10 90 원, ☐ 원

11 96 원, ☐ 원

12 98 원, ☐ 원

13 70 원, ☐ 원

14 80 원, ☐ 원

15 99 원, ☐ 원

16 97 원, ☐ 원

17 50 원, ☐ 원

18 60 원, ☐ 원

19 95 원, ☐ 원

20 94 원, ☐ 원

21 40 원, ☐ 원

2 몇백 알아보기

✿ 몇백 알아보기

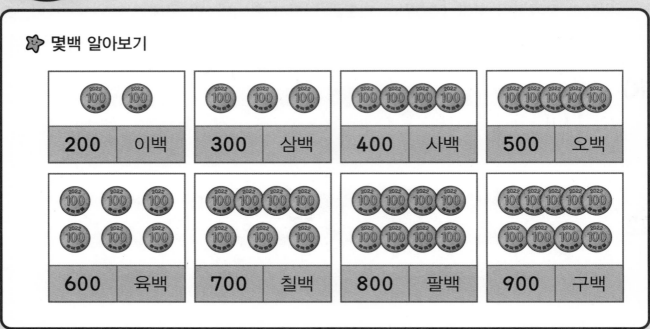

⏰ ☐ 안에 알맞은 수를 써넣으시오. (1~9)

1

☐ 원

2

☐ 원

3

☐ 원

4

☐ 원

5

☐ 원

6

☐ 원

7

☐ 원

8

☐ 원

9

☐ 원

계산은 빠르고 정확하게!

걸린 시간	1~4분	4~6분	6~8분
맞은 개수	19~21개	15~18개	1~14개
평가	참 잘했어요.	잘했어요.	좀더 노력해요.

⏰ ☐ 안에 알맞은 수나 말을 써넣으시오. (10~21)

10 300 ☐ 500

11 400 500 ☐

12 ☐ 600 700

13 700 ☐ 900

14 100이 **2**개이면 ☐ 이고, ☐ 이라고 읽습니다.

15 100이 **4**개이면 ☐ 이고, ☐ 이라고 읽습니다.

16 100이 **6**개이면 ☐ 이고, ☐ 이라고 읽습니다.

17 100이 **8**개이면 ☐ 이고, ☐ 이라고 읽습니다.

18 100이 **3**개이면 ☐ 이고, ☐ 이라고 읽습니다.

19 100이 **5**개이면 ☐ 이고, ☐ 이라고 읽습니다.

20 100이 **7**개이면 ☐ 이고, ☐ 이라고 읽습니다.

21 100이 **9**개이면 ☐ 이고, ☐ 이라고 읽습니다.

3 세 자리 수 알아보기 (1)

⭐ 세 자리 수 쓰고 읽기

백 모형	십 모형	일 모형

100이 2개 ─┐
10이 4개 ─┤이면 248이고,
1이 8개 ─┘
248은 이백사십팔이라고 읽습니다.

⏰ 수 모형을 보고 □ 안에 알맞은 수를 써넣으시오. (1~2)

1

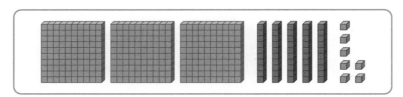

(1) 백 모형은 □개, 십 모형은 □개, 일 모형은 □개입니다.

(2) 수 모형이 나타내는 수는 □입니다.

2

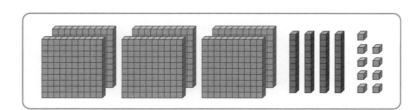

(1) 백 모형은 □개, 십 모형은 □개, 일 모형은 □개입니다.

(2) 수 모형이 나타내는 수는 □입니다.

⏰ ☐ 안에 알맞은 수를 써넣으시오. (3~12)

3 100이 3개 ┐
　　　10이 2개 ┤이면 ☐
　　　1이 8개 ┘

4
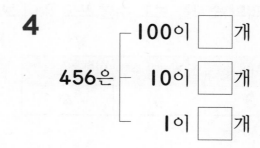
456은 100이 ☐ 개, 10이 ☐ 개, 1이 ☐ 개

5 100이 1개 ┐
　　　10이 8개 ┤이면 ☐
　　　1이 5개 ┘

6
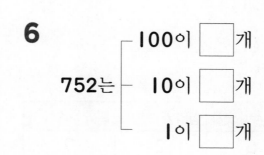
752는 100이 ☐ 개, 10이 ☐ 개, 1이 ☐ 개

7 100이 8개 ┐
　　　10이 0개 ┤이면 ☐
　　　1이 3개 ┘

8
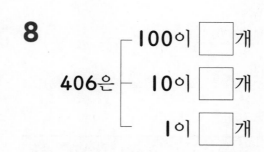
406은 100이 ☐ 개, 10이 ☐ 개, 1이 ☐ 개

9 100이 5개 ┐
　　　10이 9개 ┤이면 ☐
　　　1이 7개 ┘

10
999는 100이 ☐ 개, 10이 ☐ 개, 1이 ☐ 개

11 100이 6개 ┐
　　　10이 7개 ┤이면 ☐
　　　1이 4개 ┘

12
834는 100이 ☐ 개, 10이 ☐ 개, 1이 ☐ 개

3 세 자리 수 알아보기(2)

학습 날짜
____월 ____일

🕐 각 자리의 숫자를 보고 수를 쓰고 읽어 보시오. (1~8)

1

백의 자리 숫자	십의 자리 숫자	일의 자리 숫자
3	8	4

쓰기 :

읽기 :

2

백의 자리 숫자	십의 자리 숫자	일의 자리 숫자
5	4	6

쓰기 :

읽기 :

3

백의 자리 숫자	십의 자리 숫자	일의 자리 숫자
6	2	7

쓰기 :

읽기 :

4

백의 자리 숫자	십의 자리 숫자	일의 자리 숫자
4	9	1

쓰기 :

읽기 :

5

백의 자리 숫자	십의 자리 숫자	일의 자리 숫자
2	7	8

쓰기 :

읽기 :

6

백의 자리 숫자	십의 자리 숫자	일의 자리 숫자
7	3	5

쓰기 :

읽기 :

7

백의 자리 숫자	십의 자리 숫자	일의 자리 숫자
9	5	2

쓰기 :

읽기 :

8

백의 자리 숫자	십의 자리 숫자	일의 자리 숫자
1	6	3

쓰기 :

읽기 :

각 자리의 숫자를 보고 수를 쓰고 읽어 보시오. (9~16)

9

백의 자리 숫자	십의 자리 숫자	일의 자리 숫자
6	8	0

쓰기 :

읽기 :

10

백의 자리 숫자	십의 자리 숫자	일의 자리 숫자
7	0	5

쓰기 :

읽기 :

11

백의 자리 숫자	십의 자리 숫자	일의 자리 숫자
3	6	9

쓰기 :

읽기 :

12

백의 자리 숫자	십의 자리 숫자	일의 자리 숫자
8	1	0

쓰기 :

읽기 :

13

백의 자리 숫자	십의 자리 숫자	일의 자리 숫자
5	7	0

쓰기 :

읽기 :

14

백의 자리 숫자	십의 자리 숫자	일의 자리 숫자
6	0	3

쓰기 :

읽기 :

15

백의 자리 숫자	십의 자리 숫자	일의 자리 숫자
4	0	1

쓰기 :

읽기 :

16

백의 자리 숫자	십의 자리 숫자	일의 자리 숫자
9	0	8

쓰기 :

읽기 :

🕐 수를 읽어 보시오. (1~16)

1 132 ➡ [　　　　]

2 253 ➡ [　　　　]

3 361 ➡ [　　　　]

4 474 ➡ [　　　　]

5 527 ➡ [　　　　]

6 685 ➡ [　　　　]

7 876 ➡ [　　　　]

8 918 ➡ [　　　　]

9 309 ➡ [　　　　]

10 501 ➡ [　　　　]

11 703 ➡ [　　　　]

12 902 ➡ [　　　　]

13 240 ➡ [　　　　]

14 160 ➡ [　　　　]

15 480 ➡ [　　　　]

16 630 ➡ [　　　　]

🕐 수로 써 보시오. (17 ~ 32)

17 오백삼십이 ➡ ☐

18 사백이십오 ➡ ☐

19 삼백십사 ➡ ☐

20 이백구십 ➡ ☐

21 육백오 ➡ ☐

22 칠백삼십팔 ➡ ☐

23 팔백육십 ➡ ☐

24 구백육 ➡ ☐

25 백사십 ➡ ☐

26 삼백오십칠 ➡ ☐

27 오백칠십삼 ➡ ☐

28 백구 ➡ ☐

29 구백삼십육 ➡ ☐

30 팔백사십이 ➡ ☐

31 칠백십오 ➡ ☐

32 육백칠 ➡ ☐

4 세 자리 수의 자릿값 알아보기(1)

✿ 세 자리 수의 자릿값 알아보기

백의 자리	십의 자리	일의 자리
2	4	7

2	0	0
	4	0
		7

247에서
- 2는 백의 자리 숫자이고, 200을 나타냅니다.
- 4는 십의 자리 숫자이고, 40을 나타냅니다.
- 7은 일의 자리 숫자이고, 7을 나타냅니다.
➡ $247 = 200 + 40 + 7$

⏰ 빈 곳에 알맞은 수를 써넣으시오. (1~2)

1 546 ➡

백의 자리	십의 자리	일의 자리
5	4	6

2 427 ➡

백의 자리	십의 자리	일의 자리
4	2	7

⏰ ☐ 안에 알맞은 말이나 수를 써넣으시오. (3~7)

3

629에서
- 숫자 6은 ☐ 의 자리 숫자이고, ☐ 을 나타냅니다.
- 숫자 2는 ☐ 의 자리 숫자이고, ☐ 을 나타냅니다.
- 숫자 9는 ☐ 의 자리 숫자이고, ☐ 를 나타냅니다.

4

436에서
- 숫자 4는 ☐ 의 자리 숫자이고, ☐ 을 나타냅니다.
- 숫자 3은 ☐ 의 자리 숫자이고, ☐ 을 나타냅니다.
- 숫자 6은 ☐ 의 자리 숫자이고, ☐ 을 나타냅니다.

5

725에서
- 숫자 7은 ☐ 의 자리 숫자이고, ☐ 을 나타냅니다.
- 숫자 2는 ☐ 의 자리 숫자이고, ☐ 을 나타냅니다.
- 숫자 5는 ☐ 의 자리 숫자이고, ☐ 를 나타냅니다.

6

308에서
- 숫자 3은 ☐ 의 자리 숫자이고, ☐ 을 나타냅니다.
- 숫자 0은 ☐ 의 자리 숫자이고, ☐ 을 나타냅니다.
- 숫자 8은 ☐ 의 자리 숫자이고, ☐ 을 나타냅니다.

7

570에서
- 숫자 5는 ☐ 의 자리 숫자이고, ☐ 을 나타냅니다.
- 숫자 7은 ☐ 의 자리 숫자이고, ☐ 을 나타냅니다.
- 숫자 0은 ☐ 의 자리 숫자이고, ☐ 을 나타냅니다.

🕐 □ 안에 알맞은 수를 써넣으시오. (1~6)

1 467에서

백의 자리 숫자 **4**는 ☐ ,

십의 자리 숫자 **6**은 ☐ ,

일의 자리 숫자 **7**은 ☐ 을
나타냅니다.

➡ 467 = ☐ + ☐ + ☐

2 526에서

백의 자리 숫자 **5**는 ☐ ,

십의 자리 숫자 **2**는 ☐ ,

일의 자리 숫자 **6**은 ☐ 을
나타냅니다.

➡ 526 = ☐ + ☐ + ☐

3 738에서

백의 자리 숫자 **7**은 ☐ ,

십의 자리 숫자 **3**은 ☐ ,

일의 자리 숫자 **8**은 ☐ 을
나타냅니다.

➡ 738 = ☐ + ☐ + ☐

4 913에서

백의 자리 숫자 **9**는 ☐ ,

십의 자리 숫자 **1**은 ☐ ,

일의 자리 숫자 **3**은 ☐ 을
나타냅니다.

➡ 913 = ☐ + ☐ + ☐

5 608에서

백의 자리 숫자 **6**은 ☐ ,

십의 자리 숫자 **0**은 ☐ ,

일의 자리 숫자 **8**은 ☐ 을
나타냅니다.

➡ 608 = ☐ + ☐ + ☐

6 340에서

백의 자리 숫자 **3**은 ☐ ,

십의 자리 숫자 **4**는 ☐ ,

일의 자리 숫자 **0**은 ☐ 을
나타냅니다.

➡ 340 = ☐ + ☐ + ☐

⏰ ☐ 안에 알맞은 수를 써넣으시오. (7 ~ 18)

7

백의 자리	십의 자리	일의 자리
4	2	5

➡ 425 = 400 + ☐ + ☐

8

백의 자리	십의 자리	일의 자리
3	6	8

➡ 368 = ☐ + 60 + ☐

9

백의 자리	십의 자리	일의 자리
1	4	7

➡ 147 = ☐ + ☐ + ☐

10

백의 자리	십의 자리	일의 자리
5	3	6

➡ 536 = ☐ + ☐ + ☐

11

백의 자리	십의 자리	일의 자리
5	7	0

➡ 570 = ☐ + ☐ + ☐

12

백의 자리	십의 자리	일의 자리
6	0	4

➡ 604 = ☐ + ☐ + ☐

13

백의 자리	십의 자리	일의 자리
8	0	9

➡ 809 = ☐ + ☐ + ☐

14

백의 자리	십의 자리	일의 자리
9	1	0

➡ 910 = ☐ + ☐ + ☐

15

백의 자리	십의 자리	일의 자리
6	2	5

➡ 625 = ☐ + ☐ + ☐

16

백의 자리	십의 자리	일의 자리
7	6	4

➡ 764 = ☐ + ☐ + ☐

17

백의 자리	십의 자리	일의 자리
9	0	2

➡ 902 = ☐ + ☐ + ☐

18

백의 자리	십의 자리	일의 자리
8	5	0

➡ 850 = ☐ + ☐ + ☐

뛰어서 세기 (1)

⭐ 뛰어서 세기

- 100씩 뛰어서 세면 백의 자리 숫자가 1씩 커집니다.

  100 - 200 - 300 - 400 - 500 - 600 - 700 - 800

- 10씩 뛰어서 세면 십의 자리 숫자가 1씩 커집니다.

  520 - 530 - 540 - 550 - 560 - 570 - 580 - 590

- 1씩 뛰어서 세면 일의 자리 숫자가 1씩 커집니다.

  992 - 993 - 994 - 995 - 996 - 997 - 998 - 999

⭐ 천 알아보기

999보다 1 큰 수는 1000입니다. 1000은 천이라고 읽습니다.

⏰ 빈 곳에 알맞은 수를 써넣으시오. **(1~3)**

1 1씩 뛰어서 세기

994 995 □ □ 998 □ □

2 10씩 뛰어서 세기

330 340 □ 360 □ □ □

3 100씩 뛰어서 세기

120 220 □ 420 □ □ □

뛰어서 세어 보시오. (4 ~ 10)

4 1씩 뛰어서 세기

564 — 565 — 566 — 567 — ⬭ — ⬭ — ⬭

5 10씩 뛰어서 세기

340 — 350 — 360 — 370 — ⬭ — ⬭ — ⬭

6 100씩 뛰어서 세기

348 — 448 — 548 — 648 — ⬭ — ⬭ — ⬭

7 5씩 뛰어서 세기

770 — 775 — 780 — 785 — ⬭ — ⬭ — ⬭

8 50씩 뛰어서 세기

400 — 450 — 500 — 550 — ⬭ — ⬭ — ⬭

9 1씩 뛰어서 세기

794 — 795 — 796 — 797 — ⬭ — ⬭ — ⬭

10 10씩 뛰어서 세기

428 — 438 — 448 — 458 — ⬭ — ⬭ — ⬭

5 뛰어서 세기 (2)

🕐 몇씩 뛰어서 센 것인지 알아보고 □ 안에 알맞은 수를 써넣으시오. (1~12)

1 330 — 331 — 332 — 333
➡ ☐ 씩 뛰어서 세었습니다.

2 410 — 420 — 430 — 440
➡ ☐ 씩 뛰어서 세었습니다.

3 400 — 500 — 600 — 700
➡ ☐ 씩 뛰어서 세었습니다.

4 620 — 625 — 630 — 635
➡ ☐ 씩 뛰어서 세었습니다.

5 750 — 800 — 850 — 900
➡ ☐ 씩 뛰어서 세었습니다.

6 254 — 255 — 256 — 257
➡ ☐ 씩 뛰어서 세었습니다.

7 652 — 662 — 672 — 682
➡ ☐ 씩 뛰어서 세었습니다.

8 612 — 712 — 812 — 912
➡ ☐ 씩 뛰어서 세었습니다.

9 970 — 980 — 990 — 1000
➡ ☐ 씩 뛰어서 세었습니다.

10 585 — 590 — 595 — 600
➡ ☐ 씩 뛰어서 세었습니다.

11 202 — 302 — 402 — 502
➡ ☐ 씩 뛰어서 세었습니다.

12 997 — 998 — 999 — 1000
➡ ☐ 씩 뛰어서 세었습니다.

계산은 빠르고 정확하게!

걸린 시간	1~5분	5~8분	8~10분
맞은 개수	20~22개	16~19개	1~15개
평가	참 잘했어요.	잘했어요.	좀더 노력해요.

빈 곳에 알맞은 수를 써넣으시오. (13 ~ 22)

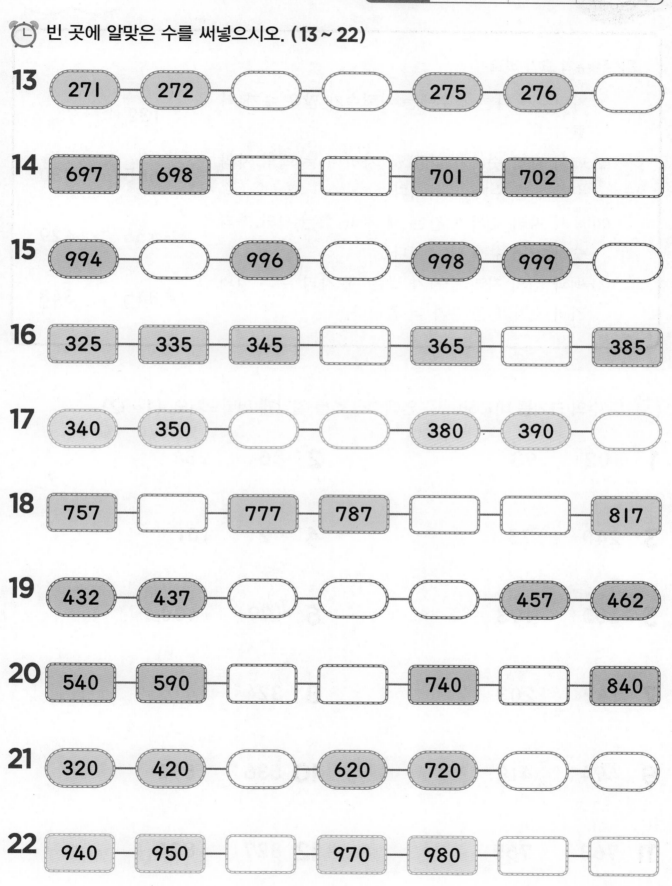

13 271 — 272 — ⬚ — ⬚ — 275 — 276 — ⬚

14 697 — 698 — ⬚ — ⬚ — 701 — 702 — ⬚

15 994 — ⬚ — 996 — ⬚ — 998 — 999 — ⬚

16 325 — 335 — 345 — ⬚ — 365 — ⬚ — 385

17 340 — 350 — ⬚ — ⬚ — 380 — 390 — ⬚

18 757 — ⬚ — 777 — 787 — ⬚ — ⬚ — 817

19 432 — 437 — ⬚ — ⬚ — 457 — 462

20 540 — 590 — ⬚ — ⬚ — 740 — ⬚ — 840

21 320 — 420 — ⬚ — 620 — 720 — ⬚ — ⬚

22 940 — 950 — ⬚ — 970 — 980 — ⬚ — ⬚

두 수의 크기 비교(1)

✿ 두 수의 크기 비교

(1) 자릿수가 다른 경우에는 자릿수가 많은 수가 더 큽니다.

➡ 132 ﹥ 95

(2) 백의 자리 숫자가 다른 세 자리 수는 백의 자리 숫자가 큰 수가 더 큽니다.

➡ 6̲85 ﹤ 7̲30

(3) 백의 자리 숫자가 같은 세 자리 수는 십의 자리 숫자가 큰 수가 더 큽니다.

➡ 45̲6 ﹥ 42̲9

(4) 백과 십의 자리 숫자가 같은 세 자리 수는 일의 자리 숫자가 큰 수가 더 큽니다.

➡ 345̲ ﹤ 348̲

⏰ 두 수의 크기를 비교하여 ○ 안에 ﹥, ﹤를 알맞게 써넣으시오. (1~12)

1 102 ◯ 98

2 86 ◯ 234

3 240 ◯ 75

4 92 ◯ 101

5 200 ◯ 193

6 199 ◯ 400

7 142 ◯ 203

8 324 ◯ 416

9 494 ◯ 419

10 536 ◯ 572

11 763 ◯ 765

12 827 ◯ 824

⏰ ○ 안에 >, <를 알맞게 써넣고, 알맞은 말에 ○표 하시오. (13 ~ 20)

13 92 ◯ 106 ➡ 92는 106보다 (작습니다 , 큽니다).

14 153 ◯ 89 ➡ 153은 89보다 (작습니다 , 큽니다).

15 245 ◯ 411 ➡ 245는 411보다 (작습니다 , 큽니다).

16 372 ◯ 198 ➡ 372는 198보다 (작습니다 , 큽니다).

17 421 ◯ 450 ➡ 421은 450보다 (작습니다 , 큽니다).

18 652 ◯ 648 ➡ 652는 648보다 (작습니다 , 큽니다).

19 734 ◯ 736 ➡ 734는 736보다 (작습니다 , 큽니다).

20 925 ◯ 923 ➡ 925는 923보다 (작습니다 , 큽니다).

6 두 수의 크기 비교 (2)

학습 날짜

월   일

⏰ 두 수의 크기를 비교하여 ○ 안에 >, <를 알맞게 써넣으시오. **(1~16)**

1 45■ ◯ 314

2 5■9 ◯ 698

3 7■7 ◯ 508

4 654 ◯ 86■

5 508 ◯ 58■

6 794 ◯ 7■2

7 804 ◯ 8■6

8 399 ◯ 3■4

9 603 ◯ 6■7

10 924 ◯ ■07

11 8■8 ◯ 899

12 697 ◯ 6■2

13 6■6 ◯ 604

14 596 ◯ 5■5

15 405 ◯ 4■9

16 409 ◯ 42■

⏰ □ 안에 들어갈 수 있는 숫자를 모두 쓰시오. (17~24)

17 324 < □15 ➡ _____

18 536 > □49 ➡ _____

19 437 < □54 ➡ _____

20 6□3 > 672 ➡ _____

21 8□7 < 859 ➡ _____

22 2□2 > 265 ➡ _____

23 755 < 75□ ➡ _____

24 836 > 83□ ➡ _____

7 세 수의 크기 비교(1)

⭐ 254, 325, 262의 크기 비교

(1) 백의 자리 숫자를 비교하면 **325**가 가장 큰 수입니다.

(2) 나머지 두 수는 백의 자리 숫자가 같으므로 십의 자리 숫자를 비교하면 **262**가 더 큰 수입니다.

➡ 325 > 262 > 254

🕐 가장 큰 수에 ○표, 가장 작은 수에 △표 하시오. (1~8)

1
199　　326　　258

2
859　　863　　793

3
688　　689　　584

4
440　　527　　444

5
309　　312　　284

6
728　　709　　636

7
540　　547　　549

8
673　　680　　671

계산은 빠르고 정확하게!

걸린 시간	1~5분	5~8분	8~10분
맞은 개수	18~20개	14~17개	1~13개
평가	참 잘했어요.	잘했어요.	좀더 노력해요.

🕐 세 수의 크기를 비교하여 □ 안에 알맞은 수를 써넣으시오. (9 ~ 20)

9
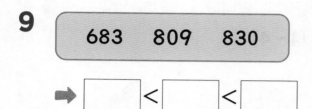
683   809   830

➡ [ ] < [ ] < [ ]

10
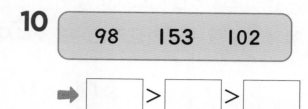
98   153   102

➡ [ ] > [ ] > [ ]

11
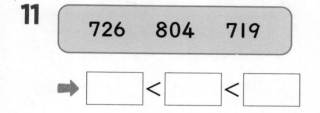
726   804   719

➡ [ ] < [ ] < [ ]

12
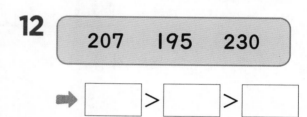
207   195   230

➡ [ ] > [ ] > [ ]

13
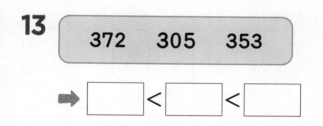
372   305   353

➡ [ ] < [ ] < [ ]

14
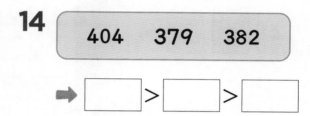
404   379   382

➡ [ ] > [ ] > [ ]

15
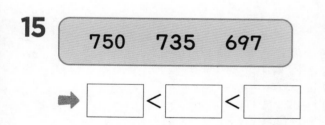
750   735   697

➡ [ ] < [ ] < [ ]

16
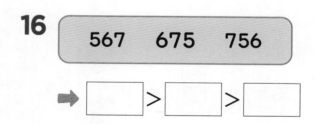
567   675   756

➡ [ ] > [ ] > [ ]

17
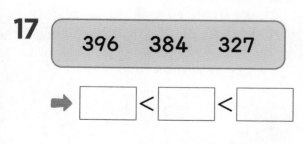
396   384   327

➡ [ ] < [ ] < [ ]

18
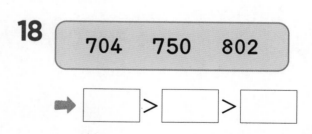
704   750   802

➡ [ ] > [ ] > [ ]

19
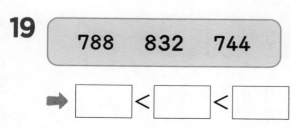
788   832   744

➡ [ ] < [ ] < [ ]

20
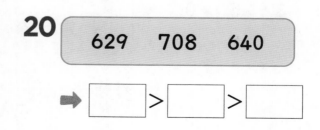
629   708   640

➡ [ ] > [ ] > [ ]

7 세 수의 크기 비교(2)

⏰ 숫자 카드를 모두 사용하여 세 자리 수를 만들려고 합니다. □ 안에 알맞은 수를 써 넣고 가장 큰 수와 가장 작은 수를 구하시오. (1~4)

1

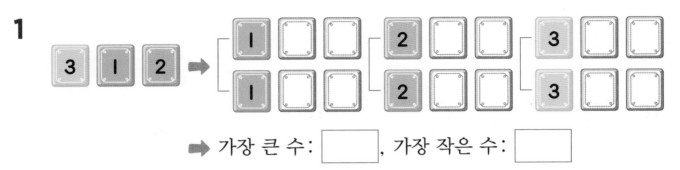

➡ 가장 큰 수: ☐, 가장 작은 수: ☐

2

➡ 가장 큰 수: ☐, 가장 작은 수: ☐

3

5 0 7 ➡

5 ☐ ☐ | 7 ☐ ☐
5 ☐ ☐ | 7 ☐ ☐

➡ 가장 큰 수: ☐, 가장 작은 수: ☐

4

3 5 0 ➡

3 ☐ ☐ | 5 ☐ ☐
3 ☐ ☐ | 5 ☐ ☐

➡ 가장 큰 수: ☐, 가장 작은 수: ☐

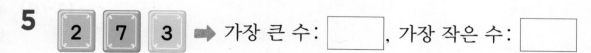 숫자 카드를 모두 사용하여 세 자리 수를 만들 때, 가장 큰 수와 가장 작은 수를 구하시오. (5~12)

5 `2` `7` `3` ➡ 가장 큰 수: ☐ , 가장 작은 수: ☐

6 `4` `6` `8` ➡ 가장 큰 수: ☐ , 가장 작은 수: ☐

7 `7` `2` `4` ➡ 가장 큰 수: ☐ , 가장 작은 수: ☐

8 `3` `6` `9` ➡ 가장 큰 수: ☐ , 가장 작은 수: ☐

9 `0` `2` `4` ➡ 가장 큰 수: ☐ , 가장 작은 수: ☐

10 `3` `0` `8` ➡ 가장 큰 수: ☐ , 가장 작은 수: ☐

11 `5` `3` `0` ➡ 가장 큰 수: ☐ , 가장 작은 수: ☐

12 `0` `4` `7` ➡ 가장 큰 수: ☐ , 가장 작은 수: ☐

🕐 정해진 규칙으로 뛰어 세기를 하려고 합니다. 빈 곳에 알맞은 수를 써넣으시오.

(1~6)

1 1씩 뛰어서 세기

☐ — ☐ — 697 — ☐ — ☐ — ☐ — ☐

2 2씩 뛰어서 세기

☐ — ☐ — 532 — ☐ — ☐ — ☐

3 3씩 뛰어서 세기

☐ — ☐ — 473 — ☐ — ☐ — ☐

4 10씩 뛰어서 세기

☐ — ☐ — 784 — ☐ — ☐ — ☐

5 100씩 뛰어서 세기

☐ — ☐ — 345 — ☐ — ☐ — ☐

6 50씩 뛰어서 세기

☐ — ☐ — 625 — ☐ — ☐ — ☐

⏰ 수의 크기를 비교하여 가장 작은 수부터 빈칸에 써넣으시오. (7~9)

7

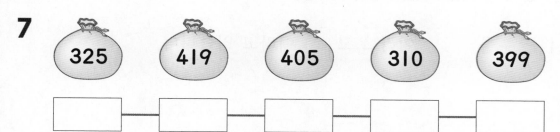

8

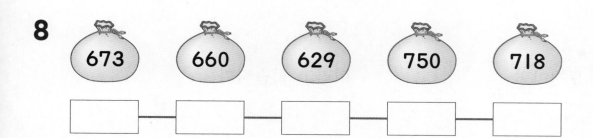

9

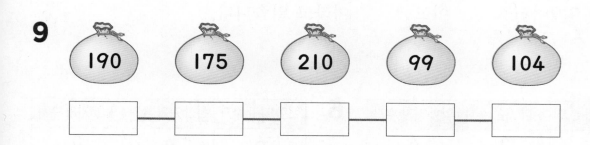

⏰ □ 안에 들어갈 수 있는 숫자를 모두 구하시오. (10~13)

10   6□3 > 662

11   □28 < 503

12   853 < 8□2

13   705 < □82

⏰ □ 안에 알맞은 수나 말을 써넣으시오. (1~8)

1 99보다 1 큰 수를 [ ]이라 쓰고 [ ]이라고 읽습니다.

2 100이 3개이면 [ ]이고 [ ]이라고 읽습니다.

3 100이 7개이면 [ ]이고 [ ]이라고 읽습니다.

4 100이 9개이면 [ ]이고 [ ]이라고 읽습니다.

5

백의 자리 숫자	십의 자리 숫자	일의 자리 숫자
5	2	4

쓰기 : [ ]

읽기 : [ ]

6

백의 자리 숫자	십의 자리 숫자	일의 자리 숫자
6	4	0

쓰기 : [ ]

읽기 : [ ]

7

백의 자리 숫자	십의 자리 숫자	일의 자리 숫자
7	0	8

쓰기 : [ ]

읽기 : [ ]

8

백의 자리 숫자	십의 자리 숫자	일의 자리 숫자
1	2	6

쓰기 : [ ]

읽기 : [ ]

⏰ ☐ 안에 알맞은 수를 써넣으시오. (9 ~ 20)

9 100이 4개
　　　 10이 5개 ─ 이면 ☐
　　　 1이 9개

10 100이 3개
　　　 10이 0개 ─ 이면 ☐
　　　 1이 7개

11 279는 ─ 100이 ☐ 개
　　　　　　　 10이 ☐ 개
　　　　　　　 1이 ☐ 개

12 570은 ─ 100이 ☐ 개
　　　　　　　 10이 ☐ 개
　　　　　　　 1이 ☐ 개

13 육백이십사 ➡ ☐

14 삼백오십 ➡ ☐

15 칠백일 ➡ ☐

16 백삼십 ➡ ☐

17

백의 자리	십의 자리	일의 자리
3	4	6

➡ 346 = ☐ + ☐ + ☐

18

백의 자리	십의 자리	일의 자리
7	0	4

➡ 704 = ☐ + ☐ + ☐

19

백의 자리	십의 자리	일의 자리
5	3	0

➡ 530 = ☐ + ☐ + ☐

20

백의 자리	십의 자리	일의 자리
1	8	2

➡ 182 = ☐ + ☐ + ☐

확인 평가

⏰ 뛰어 세는 규칙을 찾아 빈 곳에 알맞은 수를 써넣으시오. **(21 ~ 23)**

21 284 ─ 285 ─ ☐ ─ 287 ─ ☐ ─ ☐ ─ ☐

22 460 ─ 470 ─ ☐ ─ 490 ─ ☐ ─ ☐ ─ ☐

23 400 ─ 500 ─ ☐ ─ 700 ─ ☐ ─ ☐

⏰ 두 수의 크기를 비교하여 ○ 안에 >, <를 알맞게 써넣으시오. **(24 ~ 31)**

24 86 ◯ 132

25 320 ◯ 415

26 351 ◯ 329

27 672 ◯ 676

28 36■ ◯ 403

29 693 ◯ 6■1

30 6■6 ◯ 604

31 309 ◯ 32■

⏰ 세 수의 크기를 비교하여 ☐ 안에 알맞은 수를 써넣으시오. **(32 ~ 33)**

32 764 823 758

➡ ☐ > ☐ > ☐

33 386 410 402

➡ ☐ > ☐ > ☐

2

받아올림이
한 번 있는 덧셈

1 받아올림이 있는 (두 자리 수)+(한 자리 수)(1)

✿ 17+5의 계산

(1) 일의 자리 숫자끼리의 합이 10이거나 10보다 크면 10을 십의 자리로 받아올림하여 십의 자리 위에 작게 1로 나타내고, 남은 수는 일의 자리에 내려 씁니다.

(2) 받아올림한 1과 십의 자리 숫자를 더해서 십의 자리에 내려 씁니다.

〈세로셈〉

```
    1
    1 7
+     5
    2 2
```

〈가로셈〉

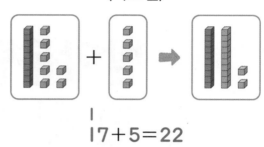

$$17+5=22$$

⏰ 계산을 하시오. (1~9)

1
```
  2 8
+   5
```

2
```
  3 6
+   8
```

3
```
  4 5
+   9
```

4
```
  5 6
+   4
```

5
```
  8 7
+   8
```

6
```
  5 8
+   9
```

7
```
  6 4
+   7
```

8
```
  6 9
+   3
```

9
```
  7 4
+   6
```

계산은 빠르고 정확하게!

걸린 시간	1~5분	5~8분	8~10분
맞은 개수	22~24개	17~21개	1~16개
평가	참 잘했어요.	잘했어요.	좀더 노력해요.

⏰ 계산을 하시오. (10~24)

10

```
    2 7
+     8
-------
```

11

```
    3 8
+     4
-------
```

12

```
    5 6
+     7
-------
```

13

```
    3 6
+     6
-------
```

14

```
    4 5
+     8
-------
```

15

```
    6 8
+     9
-------
```

16

```
    6 3
+     7
-------
```

17

```
    7 6
+     9
-------
```

18

```
    8 5
+     7
-------
```

19

```
      8
+   4 6
-------
```

20

```
      7
+   7 6
-------
```

21

```
      9
+   3 5
-------
```

22

```
      8
+   6 5
-------
```

23

```
      8
+   7 8
-------
```

24

```
      7
+   8 9
-------
```

1 받아올림이 있는 (두 자리 수)+(한 자리 수)(2)

⏰ 빈 곳에 알맞은 수를 써넣으시오. (1~5)

1

25 + 8 =

➡ 25+8=☐

2

37 + 6 =

➡ 37+6=☐

3

34 + 8 =

➡ 34+8=☐

4

45 + 9 =

➡ 45+9=☐

5

53 + 9 =

➡ 53+9=☐

계산은 빠르고 정확하게!

걸린 시간	1~4분	4~6분	6~8분
맞은 개수	14~15개	11~13개	1~10개
평가	참 잘했어요.	잘했어요.	좀더 노력해요.

🕐 가로셈을 세로셈을 이용하여 계산해 보시오. (6 ~ 15)

6 48+5=☐

7 78+7=☐

8 82+8=☐

9 78+9=☐

10 67+8=☐

11 77+9=☐

12 84+9=☐

13 44+7=☐

14 54+8=☐

15 79+5=☐

받아올림이 있는
(두 자리 수)+(한 자리 수) (3)

⏰ 두 자리 수를 몇십으로 바꾸어 계산하려고 합니다. □ 안에 알맞은 수를 써넣으시오. (1~

1 $64+8=70+2=\boxed{}$

  6 2

2 $59+7=\boxed{}+6=\boxed{}$

  1 6

3 $76+7=80+\boxed{}=\boxed{}$

  4 3

4 $85+9=\boxed{}+4=\boxed{}$

  5 4

5 $38+5=40+\boxed{}=\boxed{}$

  2 3

6 $47+8=\boxed{}+5=\boxed{}$

  3 5

7 $5+69=\boxed{}+70=\boxed{}$

  4 1

8 $9+73=2+\boxed{}=\boxed{}$

  2 7

계산은 빠르고 정확하게!

걸린 시간	1~4분	4~6분	6~8분
맞은 개수	15~16개	12~14개	1~11개
평가	참 잘했어요.	잘했어요.	좀더 노력해요.

⏰ 두 자리 수를 몇십으로 바꾸어 계산하려고 합니다. ☐ 안에 알맞은 수를 써넣으시오. (9~16)

9 76+8=☐ + ☐ =☐

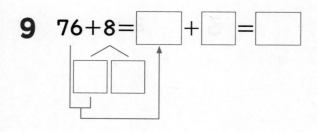

10 8+45=☐ + ☐ =☐

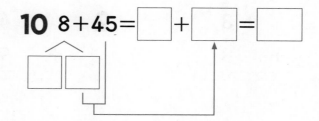

11 72+9=☐ + ☐ =☐

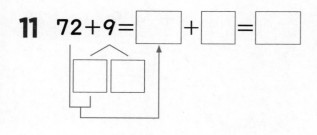

12 7+55=☐ + ☐ =☐

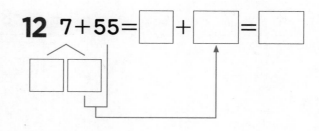

13 68+8=☐ + ☐ =☐

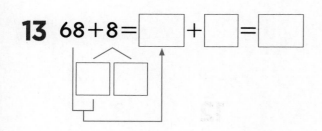

14 7+84=☐ + ☐ =☐

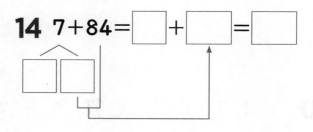

15 88+7=☐ + ☐ =☐

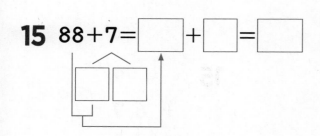

16 8+56=☐ + ☐ =☐

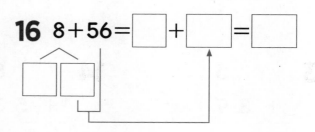

⏰ 계산을 하시오. (1 ~ 15)

1
```
   1 3
+    8
```

2
```
   2 4
+    9
```

3
```
   3 5
+    7
```

4
```
   4 6
+    7
```

5
```
   5 7
+    8
```

6
```
   6 8
+    9
```

7
```
   7 5
+    8
```

8
```
   8 3
+    7
```

9
```
   8 8
+    8
```

10
```
     7
+  2 5
```

11
```
     6
+  4 6
```

12
```
     8
+  3 4
```

13
```
     5
+  3 9
```

14
```
     8
+  5 3
```

15
```
     9
+  6 7
```

⏰ 계산을 하시오. (16 ~ 31)

16 $25+7=$ ☐

17 $5+46=$ ☐

18 $36+8=$ ☐

19 $8+53=$ ☐

20 $47+9=$ ☐

21 $9+66=$ ☐

22 $58+4=$ ☐

23 $7+86=$ ☐

24 $69+5=$ ☐

25 $6+74=$ ☐

26 $77+7=$ ☐

27 $4+88=$ ☐

28 $86+9=$ ☐

29 $8+65=$ ☐

30 $75+8=$ ☐

31 $9+74=$ ☐

🕐 ☐ 안에 알맞은 수를 써넣으시오. (1~10)

1
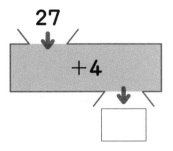

27

+4

2
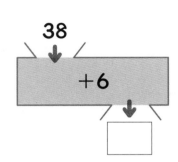

38

+6

3
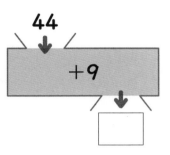

44

+9

4
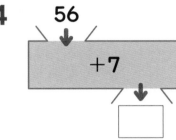

56

+7

5
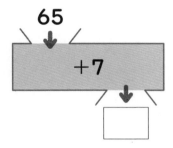

65

+7

6
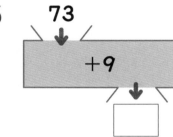

73

+9

7
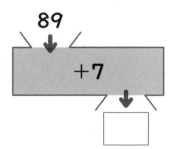

89

+7

8
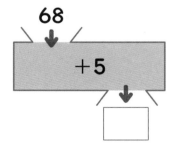

68

+5

9
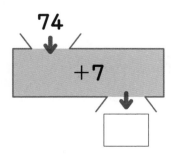

74

+7

10
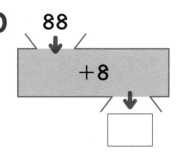

88

+8

계산은 빠르고 정확하게!

걸린 시간	1~8분	8~12분	12~16분
맞은 개수	17~18개	13~16개	1~12개
평가	참 잘했어요.	잘했어요.	좀더 노력해요.

빈 곳에 알맞은 수를 써넣으시오. (11~18)

11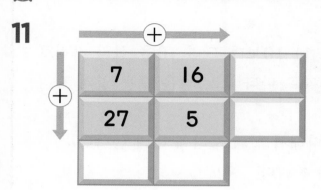

12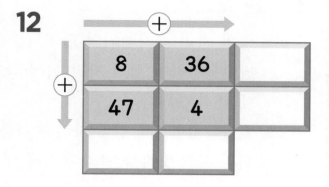

13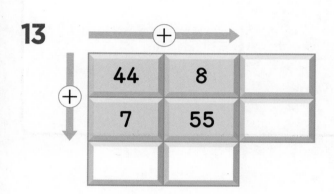

14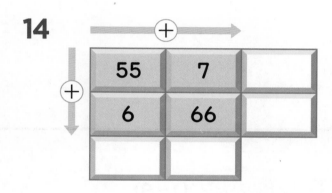

15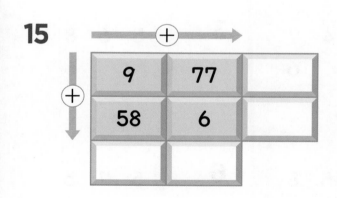

16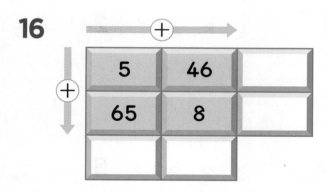

17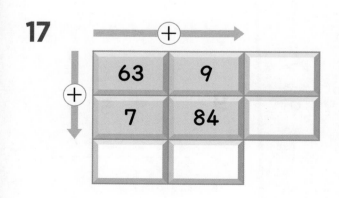

18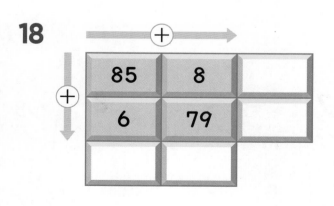

2 받아올림이 있는 (세 자리 수)+(한 자리 수)(1)

⭐ **238+4의 계산**

(1) 일의 자리 숫자끼리의 합이 10이거나 10보다 크면 10을 십의 자리로 받아올림하여 십의 자리 위에 작게 1로 나타내고, 남은 수는 일의 자리에 내려 씁니다.

(2) 받아올림한 1과 십의 자리 숫자를 더해서 십의 자리에 내려 씁니다.

(3) 백의 자리 숫자를 백의 자리에 내려 씁니다.

〈세로셈〉

```
      1
    2 3 8
  +     4
    2 4 2
```

〈가로셈〉

```
    1
2 3 8 + 4 = 2 4 2
```

⏰ 계산을 하시오. (1~9)

1
```
  1 8 4
+     8
```

2
```
  6 4 7
+     6
```

3
```
  5 6 8
+     6
```

4
```
  3 2 8
+     8
```

5
```
  4 5 8
+     7
```

6
```
  5 7 5
+     6
```

7
```
  3 8 9
+     8
```

8
```
  8 7 9
+     9
```

9
```
  7 5 8
+     6
```

⏰ 계산을 하시오. (10 ~ 24)

10
```
    1  4  7
 +        9
```

11
```
    2  6  8
 +        7
```

12
```
    3  8  6
 +        6
```

13
```
    4  7  5
 +        8
```

14
```
    5  8  6
 +        7
```

15
```
    6  3  7
 +        8
```

16
```
    7  4  8
 +        4
```

17
```
    8  6  3
 +        9
```

18
```
    9  1  9
 +        9
```

19
```
    3  5  7
 +        7
```

20
```
    4  2  9
 +        8
```

21
```
    5  6  7
 +        4
```

22
```
    6  8  6
 +        9
```

23
```
    7  7  7
 +        5
```

24
```
    8  7  5
 +        8
```

⏰ 계산을 하시오. (1~16)

1 157 + 5 =

2 274 + 9 =

3 327 + 8 =

4 468 + 8 =

5 576 + 7 =

6 639 + 5 =

7 748 + 6 =

8 837 + 4 =

9 927 + 3 =

10 383 + 9 =

11 417 + 7 =

12 559 + 7 =

13 675 + 7 =

14 747 + 8 =

15 853 + 8 =

16 945 + 9 =

⏰ 계산을 하시오. (17 ~ 32)

17 3 3 6 + 6 =

18 4 7 5 + 8 =

19 6 4 4 + 7 =

20 7 6 9 + 8 =

21 8 1 9 + 4 =

22 9 3 9 + 7 =

23 5 6 7 + 3 =

24 7 2 4 + 8 =

25 8 3 7 + 5 =

26 6 8 6 + 8 =

27 4 8 4 + 8 =

28 3 8 9 + 9 =

29 2 8 5 + 6 =

30 5 7 6 + 9 =

31 6 1 7 + 8 =

32 7 5 8 + 9 =

2 받아올림이 있는 (세 자리 수)+(한 자리 수)(3)

⏰ 계산을 하시오. (1~15)

1
```
  3 4 5
+     8
```

2
```
  4 2 9
+     6
```

3
```
  5 3 8
+     7
```

4
```
  6 4 3
+     8
```

5
```
  7 7 6
+     6
```

6
```
  8 5 4
+     9
```

7
```
  2 3 7
+     7
```

8
```
  3 5 6
+     9
```

9
```
  4 7 8
+     8
```

10
```
  5 3 5
+     7
```

11
```
  6 4 6
+     7
```

12
```
  7 6 8
+     9
```

13
```
  8 4 8
+     5
```

14
```
  9 3 7
+     9
```

15
```
  6 8 9
+     5
```

⏰ 계산을 하시오. (16 ~ 31)

16 185+7=

17 276+8=

18 367+9=

19 468+4=

20 579+5=

21 685+8=

22 764+9=

23 825+5=

24 333+8=

25 424+7=

26 515+8=

27 658+9=

28 727+3=

29 856+7=

30 674+8=

31 586+6=

🕐 빈 곳에 알맞은 수를 써넣으시오. (1~10)

1
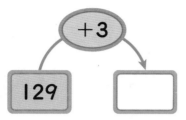

+3

129

2
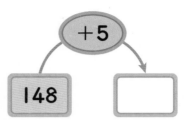

+5

148

3
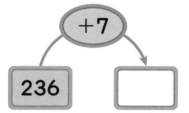

+7

236

4
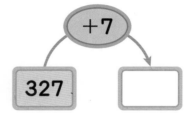

+7

327

5
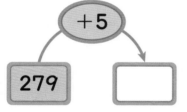

+5

279

6
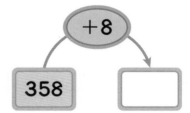

+8

358

7
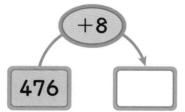

+8

476

8
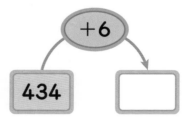

+6

434

9
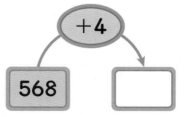

+4

568

10
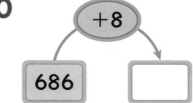

+8

686

계산은 빠르고 정확하게!

걸린 시간	1~5분	5~8분	8~10분
맞은 개수	18~20개	14~17개	1~13개
평가	참 잘했어요.	잘했어요.	좀더 노력해요.

⏰ 빈 곳에 알맞은 수를 써넣으시오. (11 ~ 20)

11
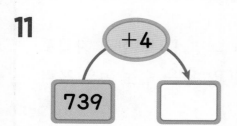

12
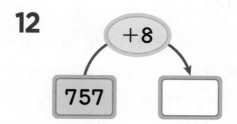

13
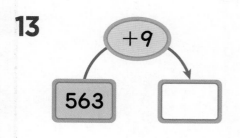

14
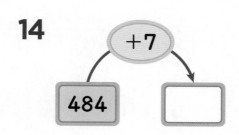

15
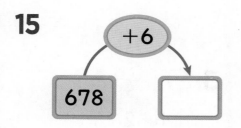

16
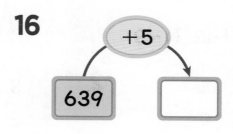

17
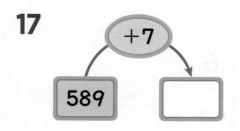

18
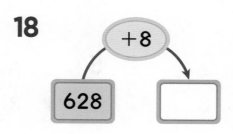

19
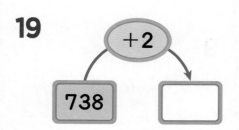

20
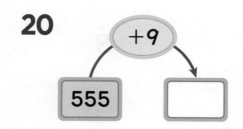

3 일의 자리에서 받아올림이 있는 (두 자리 수)+(두 자리 수)(1)

✿ 36+25의 계산

(1) 일의 자리 숫자끼리의 합이 10이거나 10보다 크면 10을 십의 자리로 받아올림하여 십의 자리 위에 작게 1로 나타내고, 남은 수는 일의 자리에 내려 씁니다.

(2) 받아올림한 1과 십의 자리 숫자를 더해서 십의 자리에 내려 씁니다.

〈세로셈〉

```
    1
    3 6
  + 2 5
    6 1
```

〈가로셈〉

```
  1
3 6 + 2 5 = 6 1
```

⏰ 계산을 하시오. (1~9)

1
```
    2 4
  + 6 9
```

2
```
    3 5
  + 2 8
```

3
```
    4 5
  + 2 7
```

4
```
    3 4
  + 3 8
```

5
```
    5 8
  + 3 8
```

6
```
    4 8
  + 3 5
```

7
```
    2 8
  + 5 3
```

8
```
    4 4
  + 3 7
```

9
```
    3 8
  + 4 5
```

⏰ 계산을 하시오. (10 ~ 24)

10
```
    2 7
  + 3 6
```

11
```
    3 8
  + 4 6
```

12
```
    3 9
  + 4 5
```

13
```
    2 8
  + 5 7
```

14
```
    4 8
  + 1 8
```

15
```
    3 3
  + 4 9
```

16
```
    7 4
  + 1 7
```

17
```
    4 6
  + 2 8
```

18
```
    6 5
  + 1 6
```

19
```
    2 5
  + 4 8
```

20
```
    5 3
  + 1 9
```

21
```
    6 6
  + 1 7
```

22
```
    5 4
  + 2 6
```

23
```
    5 8
  + 2 9
```

24
```
    2 5
  + 3 7
```

⏰ 계산을 하시오. (1~16)

1 2 4 + 3 8 =

2 1 9 + 3 5 =

3 3 4 + 1 7 =

4 4 6 + 1 9 =

5 5 5 + 2 9 =

6 4 8 + 1 6 =

7 5 7 + 2 3 =

8 1 9 + 2 7 =

9 2 8 + 3 3 =

10 3 5 + 2 8 =

11 1 6 + 5 7 =

12 2 9 + 1 4 =

13 3 7 + 1 7 =

14 5 6 + 2 9 =

15 3 9 + 1 8 =

16 2 6 + 4 8 =

⏰ 계산을 하시오. (17 ~ 32)

17 4 4 + 3 6 =

18 5 5 + 2 8 =

19 6 7 + 1 5 =

20 4 3 + 2 9 =

21 7 6 + 1 7 =

22 3 8 + 2 4 =

23 1 9 + 3 5 =

24 2 4 + 2 6 =

25 3 7 + 1 9 =

26 6 7 + 2 3 =

27 5 7 + 2 4 =

28 3 9 + 4 5 =

29 6 6 + 2 9 =

30 4 7 + 4 7 =

31 3 9 + 3 9 =

32 5 6 + 2 8 =

⏰ 계산을 하시오. (1~15)

1
```
    2 3
  + 2 8
  ─────
```

2
```
    3 6
  + 4 5
  ─────
```

3
```
    5 2
  + 2 8
  ─────
```

4
```
    1 9
  + 2 9
  ─────
```

5
```
    3 5
  + 4 8
  ─────
```

6
```
    5 3
  + 2 9
  ─────
```

7
```
    2 7
  + 5 6
  ─────
```

8
```
    1 6
  + 4 6
  ─────
```

9
```
    3 3
  + 4 7
  ─────
```

10
```
    4 7
  + 3 7
  ─────
```

11
```
    6 8
  + 1 5
  ─────
```

12
```
    6 6
  + 2 8
  ─────
```

13
```
    5 8
  + 2 9
  ─────
```

14
```
    4 5
  + 2 7
  ─────
```

15
```
    5 4
  + 1 9
  ─────
```

🕐 계산을 하시오. (16 ~ 31)

16 36+47=□

17 54+16=□

18 28+36=□

19 44+38=□

20 53+28=□

21 17+35=□

22 46+29=□

23 27+37=□

24 55+17=□

25 29+37=□

26 39+45=□

27 54+29=□

28 18+36=□

29 47+38=□

30 28+38=□

31 56+39=□

3 일의 자리에서 받아올림이 있는 (두 자리 수)+(두 자리 수)(4)

⏰ □ 안에 알맞은 수를 써넣으시오. (1~10)

1   12
+59
□

2   44
+46
□

3   24
+37
□

4   55
+36
□

5   27
+54
□

6   57
+19
□

7   23
+48
□

8   34
+29
□

9   35
+38
□

10   42
+39
□

계산은 빠르고 정확하게!

걸린 시간	1~5분	5~8분	8~10분
맞은 개수	18~20개	14~17개	1~13개
평가	참 잘했어요.	잘했어요.	좀더 노력해요.

⏰ ☐ 안에 알맞은 수를 써넣으시오. (11 ~ 20)

11
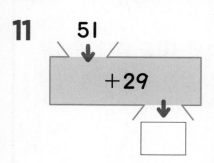
51 +29

12
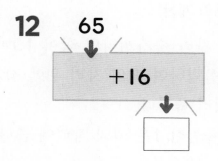
65 +16

13
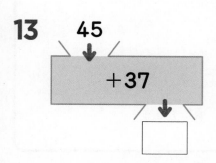
45 +37

14
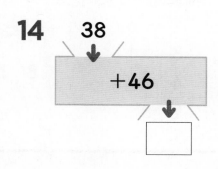
38 +46

15
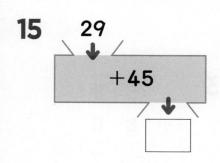
29 +45

16
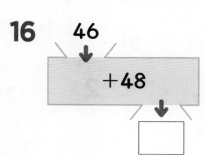
46 +48

17
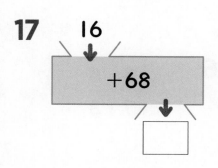
16 +68

18
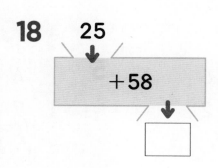
25 +58

19
66 +19

20
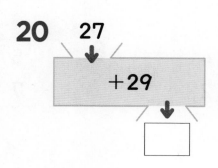
27 +29

4. 십의 자리에서 받아올림이 있는 (두 자리 수)+(두 자리 수)(1)

⭐ 85+43의 계산

(1) 십의 자리 숫자끼리의 합이 10이거나 10보다 크면 10을 백의 자리로 받아올림하여 백의 자리 위에 작게 1로 나타내고, 남은 수는 십의 자리에 내려 씁니다.

(2) 받아올림한 1은 백의 자리에 씁니다.

〈세로셈〉

```
  1
    8 5
+   4 3
  1 2 8
```

〈가로셈〉

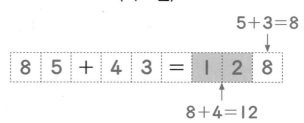

⏰ 계산을 하시오. (1~9)

1
```
  6 3
+ 5 0
```

2
```
  3 3
+ 9 4
```

3
```
  5 8
+ 8 0
```

4
```
  5 6
+ 9 2
```

5
```
  4 3
+ 7 2
```

6
```
  8 6
+ 7 3
```

7
```
  6 4
+ 8 2
```

8
```
  5 6
+ 7 2
```

9
```
  6 3
+ 6 3
```

⏰ 계산을 하시오. (10 ~ 24)

10

```
    2 2
+   9 5
-------
```

11

```
    6 3
+   8 4
-------
```

12

```
    7 4
+   8 5
-------
```

13

```
    4 6
+   8 3
-------
```

14

```
    5 2
+   6 5
-------
```

15

```
    8 2
+   5 3
-------
```

16

```
    4 3
+   6 3
-------
```

17

```
    6 2
+   7 6
-------
```

18

```
    9 5
+   2 3
-------
```

19

```
    7 2
+   8 4
-------
```

20

```
    8 4
+   8 3
-------
```

21

```
    9 5
+   3 3
-------
```

22

```
    5 7
+   9 1
-------
```

23

```
    9 3
+   9 2
-------
```

24

```
    7 4
+   6 4
-------
```

⏰ 계산을 하시오. (1~16)

1 2 4 + 9 2 =

2 3 5 + 8 3 =

3 4 6 + 8 1 =

4 5 7 + 9 2 =

5 6 1 + 7 3 =

6 7 2 + 8 3 =

7 8 4 + 9 3 =

8 9 5 + 2 2 =

9 6 3 + 5 5 =

10 7 5 + 4 4 =

11 8 6 + 5 2 =

12 9 4 + 6 1 =

13 6 7 + 4 1 =

14 7 9 + 5 0 =

15 8 2 + 5 3 =

16 9 6 + 7 2 =

계산은 빠르고 정확하게!

걸린 시간	1~8분	8~12분	12~16분
맞은 개수	29~32개	23~28개	1~22개
평가	참 잘했어요.	잘했어요.	좀더 노력해요.

⏰ 계산을 하시오. (17 ~ 32)

17 $42 + 85 =$

18 $53 + 92 =$

19 $64 + 71 =$

20 $75 + 73 =$

21 $83 + 64 =$

22 $91 + 85 =$

23 $34 + 72 =$

24 $45 + 84 =$

25 $56 + 92 =$

26 $67 + 62 =$

27 $78 + 81 =$

28 $89 + 40 =$

29 $65 + 72 =$

30 $54 + 65 =$

31 $87 + 81 =$

32 $92 + 93 =$

⏰ 계산을 하시오. (1~15)

1
```
    5 7
+   7 0
```

2
```
    7 3
+   8 6
```

3
```
    6 4
+   8 5
```

4
```
    4 6
+   7 3
```

5
```
    8 2
+   7 6
```

6
```
    9 4
+   5 2
```

7
```
    7 7
+   7 1
```

8
```
    8 8
+   7 0
```

9
```
    9 5
+   6 3
```

10
```
    6 3
+   7 6
```

11
```
    5 8
+   8 1
```

12
```
    8 3
+   8 4
```

13
```
    7 7
+   8 2
```

14
```
    9 3
+   8 5
```

15
```
    9 2
+   9 7
```

⏰ 계산을 하시오. (16 ~ 31)

16 $59+60=$

17 $72+85=$

18 $63+85=$

19 $45+72=$

20 $81+75=$

21 $93+51=$

22 $76+72=$

23 $87+72=$

24 $94+64=$

25 $62+75=$

26 $57+80=$

27 $82+83=$

28 $76+81=$

29 $92+86=$

30 $91+96=$

31 $73+95=$

⏰ □ 안에 알맞은 수를 써넣으시오. (1 ~ 10)

1 26
+83

2 37
+91

3 44
+82

4 53
+92

5 61
+74

6 72
+54

7 75
+83

8 80
+96

9 86
+82

10 95
+94

계산은 빠르고 정확하게!

걸린 시간	1~5분	5~8분	8~10분
맞은 개수	18~20개	14~17개	1~13개
평가	참 잘했어요.	잘했어요.	좀더 노력해요.

⏰ 빈 곳에 알맞은 수를 써넣으시오. (11 ~ 20)

11
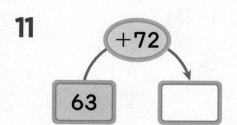

12
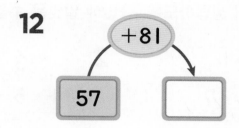

13
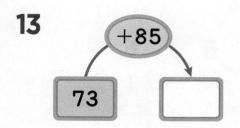

14
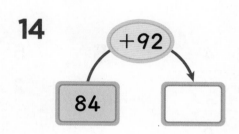

15
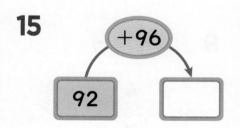

16
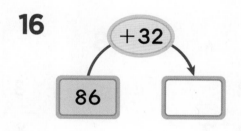

17
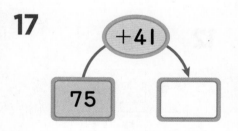

18
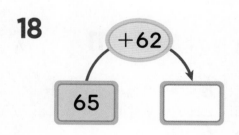

19
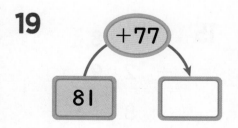

20
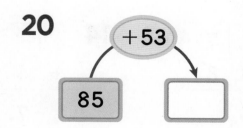

5 신기한 연산

⏰ 덧셈식이 성립하도록 □ 안에 알맞은 수를 써넣으시오. (1~15)

1
```
    2 □
  + 4 7
  ─────
  □   6
```

2
```
    3 □
  + 5 4
  ─────
  □   2
```

3
```
    4 □
  + 2 8
  ─────
  □   5
```

4
```
    2 4
  + 6 □
  ─────
  □   0
```

5
```
    5 6
  + 2 □
  ─────
  □   3
```

6
```
    6 4
  + 1 □
  ─────
  □   3
```

7
```
    □ 4
  + 2 □
  ─────
  7   2
```

8
```
    □ 6
  + 3 □
  ─────
  8   5
```

9
```
    □ 7
  + 4 □
  ─────
  7   4
```

10
```
    3 □
  + □ 8
  ─────
  6   6
```

11
```
    4 □
  + □ 7
  ─────
  8   3
```

12
```
    5 □
  + □ 2
  ─────
  7   1
```

13
```
    □ 7
  + 3 8
  ─────
  6   □
```

14
```
    □ 4
  + 4 9
  ─────
  7   □
```

15
```
    □ 8
  + 2 9
  ─────
  8   □
```

🕐 덧셈식이 성립하도록 □ 안에 알맞은 수를 써넣으시오. (16 ~ 30)

16
```
    8 3
  +  5 □
  ───────
  1 □ 7
```

17
```
    6 4
  +  9 □
  ───────
  1 □ 8
```

18
```
    7 5
  +  9 □
  ───────
  1 □ 8
```

19
```
    5 □
  +  □ 2
  ───────
  1 3 6
```

20
```
    4 □
  +  □ 3
  ───────
  1 2 8
```

21
```
    7 □
  +  □ 7
  ───────
  1 4 9
```

22
```
    □ 7
  +  5 □
  ───────
  1 4 9
```

23
```
    □ 8
  +  6 □
  ───────
  1 5 9
```

24
```
    □ 9
  +  7 □
  ───────
  1 3 9
```

25
```
    6 □
  +  □ 3
  ───────
  1 4 6
```

26
```
    7 □
  +  □ 4
  ───────
  1 6 7
```

27
```
    8 □
  +  □ 5
  ───────
  1 5 7
```

28
```
    □ 6
  +  7 □
  ───────
  1 3 9
```

29
```
    □ 5
  +  8 □
  ───────
  1 2 7
```

30
```
    □ 4
  +  9 □
  ───────
  1 8 8
```

확인 평가

 계산을 하시오. (1~15)

1
```
   3 6
 +   8
```

2
```
   5 7
 +   9
```

3
```
   6 4
 +   7
```

4
```
   2 4 7
 +     8
```

5
```
   3 5 9
 +     3
```

6
```
   5 7 7
 +     6
```

7
```
   4 5 4
 +     8
```

8
```
   6 8 3
 +     9
```

9
```
   7 8 5
 +     8
```

10
```
   5 9
 + 2 6
```

11
```
   3 6
 + 3 6
```

12
```
   4 5
 + 2 9
```

13
```
   8 3
 + 7 5
```

14
```
   7 4
 + 8 1
```

15
```
   9 3
 + 8 4
```

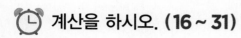 계산을 하시오. (16 ~ 31)

16 47+6=

17 77+9=

18 58+8=

19 64+7=

20 135+9=

21 154+8=

22 346+6=

23 459+7=

24 27+36=

25 38+49=

26 39+54=

27 42+48=

28 75+83=

29 86+61=

30 66+73=

31 93+54=

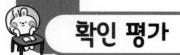

⏰ □ 안에 알맞은 수를 써넣으시오. (32 ~ 37)

32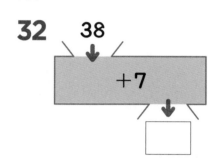

33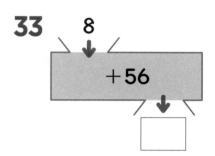

34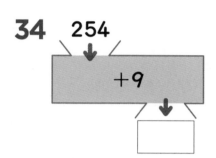

35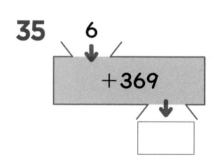

36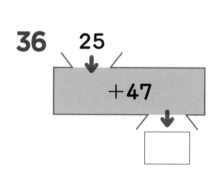

37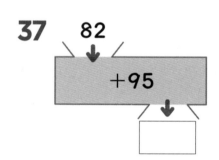

⏰ 빈 곳에 알맞은 수를 써넣으시오. (38 ~ 41)

38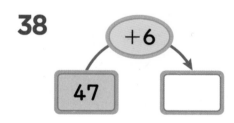

39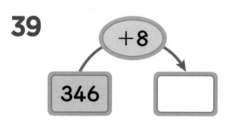

40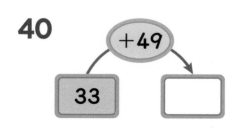

41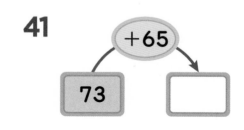

3

받아올림이
두 번 있는 덧셈

⭐ 93+8의 계산

(1) 일의 자리 숫자끼리의 합이 10이거나 10보다 크면 10을 십의 자리로 받아올림하여 십의 자리 위에 작게 1로 나타내고, 남은 수는 일의 자리에 씁니다.

(2) 받아올림한 1과 십의 자리 숫자를 더해서 10이 되면 백의 자리로 받아올림하여 백의 자리에 1을 쓰고, 십의 자리에 0을 씁니다.

〈세로셈〉

```
    1
    9 3
  +   8
  1 0 1
```

〈가로셈〉

```
 1
9 3 + 8 = 1 0 1
```

⏰ 계산을 하시오. (1~9)

1
```
  9 2
+   9
```

2
```
  9 4
+   8
```

3
```
  9 4
+   9
```

4
```
  9 5
+   8
```

5
```
  9 6
+   4
```

6
```
  9 7
+   6
```

7
```
  9 8
+   9
```

8
```
  9 9
+   9
```

9
```
  9 7
+   8
```

⏰ 계산을 하시오. (10 ~ 25)

10 $9\ 8\ +\ 6\ =$

11 $9\ 7\ +\ 6\ =$

12 $9\ 9\ +\ 8\ =$

13 $9\ 6\ +\ 8\ =$

14 $9\ 5\ +\ 5\ =$

15 $9\ 8\ +\ 7\ =$

16 $9\ 7\ +\ 7\ =$

17 $9\ 9\ +\ 6\ =$

18 $9\ 6\ +\ 6\ =$

19 $9\ 5\ +\ 7\ =$

20 $9\ 8\ +\ 9\ =$

21 $9\ 4\ +\ 6\ =$

22 $9\ 9\ +\ 5\ =$

23 $9\ 6\ +\ 5\ =$

24 $9\ 5\ +\ 9\ =$

25 $9\ 8\ +\ 4\ =$

⏰ 계산을 하시오. (1 ~ 15)

1
```
   9 3
+    9
```

2
```
   9 4
+    7
```

3
```
   9 5
+    8
```

4
```
   9 6
+    6
```

5
```
   9 7
+    8
```

6
```
   9 8
+    9
```

7
```
   9 9
+    7
```

8
```
   9 4
+    8
```

9
```
   9 5
+    9
```

10
```
   9 6
+    7
```

11
```
   9 7
+    5
```

12
```
   9 8
+    6
```

13
```
   9 7
+    9
```

14
```
   9 8
+    7
```

15
```
   9 9
+    8
```

⏰ 계산을 하시오. (16 ~ 31)

16 $94+9=$ ☐

17 $95+7=$ ☐

18 $96+8=$ ☐

19 $97+6=$ ☐

20 $98+7=$ ☐

21 $99+5=$ ☐

22 $93+9=$ ☐

23 $94+7=$ ☐

24 $94+6=$ ☐

25 $97+4=$ ☐

26 $98+8=$ ☐

27 $99+9=$ ☐

28 $95+9=$ ☐

29 $94+8=$ ☐

30 $93+7=$ ☐

31 $97+7=$ ☐

⏰ □ 안에 알맞은 수를 써넣으시오. (1~10)

1   95
　　↓
　　+5
　　　↓
　　　□

2   96
　　↓
　　+9
　　　↓
　　　□

3   98
　　↓
　　+3
　　　↓
　　　□

4   99
　　↓
　　+4
　　　↓
　　　□

5   94
　　↓
　　+9
　　　↓
　　　□

6   97
　　↓
　　+8
　　　↓
　　　□

7   93
　　↓
　　+8
　　　↓
　　　□

8   95
　　↓
　　+8
　　　↓
　　　□

9   96
　　↓
　　+7
　　　↓
　　　□

10   97
　　↓
　　+9
　　　↓
　　　□

계산은 빠르고 정확하게!

걸린 시간	1~5분	5~8분	8~10분
맞은 개수	18~20개	14~17개	1~13개
평가	참 잘했어요.	잘했어요.	좀더 노력해요.

🕐 빈 곳에 알맞은 수를 써넣으시오. (11 ~ 20)

11
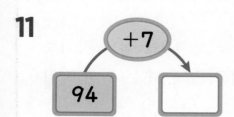

12
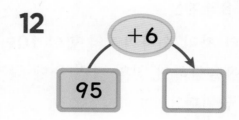

13
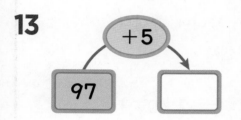

14
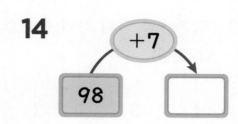

15
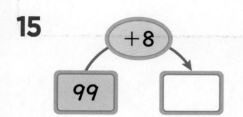

16
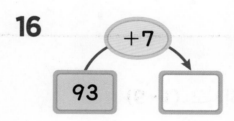

17
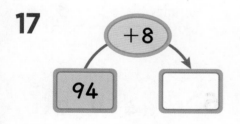

18
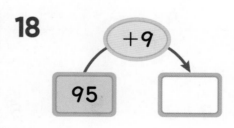

19
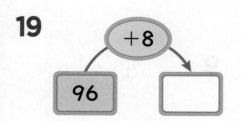

20
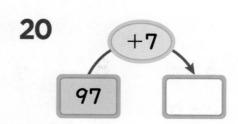

2 받아올림이 두 번 있는 (세 자리 수)+(한 자리 수)(1)

학습 날짜

월

일

✿ 193+8의 계산

(1) 일의 자리 숫자끼리의 합이 10이거나 10보다 크면 10을 십의 자리로 받아올림하여 십의 자리 위에 작게 1로 나타내고, 남은 수는 일의 자리에 씁니다,

(2) 받아올림한 1과 십의 자리 숫자를 더해서 10이 되면 백의 자리로 받아올림하여 백의 자리 위에 작게 1로 나타내고 십의 자리에 0을 씁니다.

(3) 받아올림한 1과 백의 자리 숫자를 더해서 백의 자리에 씁니다.

〈세로셈〉

	1	1	
	1	9	3
+			8
	2	0	1

〈가로셈〉

	1	1					
1	9	3	+	8	=	2	0	1

⏰ 계산을 하시오. (1~9)

1

	2	9	4
+			6

2

	1	9	8
+			7

3

	3	9	6
+			8

4

	4	9	3
+			9

5

	5	9	7
+			8

6

	4	9	7
+			7

7

	6	9	5
+			6

8

	7	9	2
+			9

9

	8	9	9
+			9

⏰ 계산을 하시오. (10 ~ 25)

10 1 9 3 + 8 =

11 2 9 4 + 9 =

12 3 9 5 + 7 =

13 4 9 6 + 8 =

14 5 9 7 + 4 =

15 6 9 8 + 5 =

16 7 9 9 + 6 =

17 8 9 4 + 7 =

18 1 9 8 + 8 =

19 2 9 7 + 5 =

20 3 9 6 + 9 =

21 4 9 5 + 6 =

22 5 9 7 + 6 =

23 6 9 8 + 7 =

24 7 9 7 + 9 =

25 8 9 8 + 9 =

⏰ 계산을 하시오. (1~15)

1
```
    1 9 7
  +     5
```

2
```
    2 9 8
  +     6
```

3
```
    3 9 9
  +     7
```

4
```
    4 9 5
  +     8
```

5
```
    5 9 6
  +     9
```

6
```
    6 9 7
  +     6
```

7
```
    7 9 8
  +     6
```

8
```
    8 9 4
  +     7
```

9
```
    4 9 9
  +     8
```

10
```
        4
  + 5 9 6
```

11
```
        5
  + 6 9 7
```

12
```
        6
  + 7 9 9
```

13
```
        7
  + 8 9 5
```

14
```
        8
  + 7 9 4
```

15
```
        9
  + 8 9 7
```

⏰ 계산을 하시오. (16 ~ 31)

16 $193+9=$ ☐

17 $294+8=$ ☐

18 $395+5=$ ☐

19 $496+6=$ ☐

20 $597+7=$ ☐

21 $698+8=$ ☐

22 $799+9=$ ☐

23 $898+9=$ ☐

24 $4+396=$ ☐

25 $5+497=$ ☐

26 $6+597=$ ☐

27 $7+698=$ ☐

28 $8+798=$ ☐

29 $9+899=$ ☐

30 $3+197=$ ☐

31 $6+795=$ ☐

⏰ □ 안에 알맞은 수를 써넣으시오. (1~10)

1 196 → +5 → □

2 295 → +9 → □

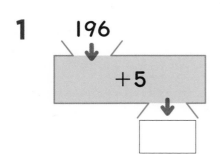
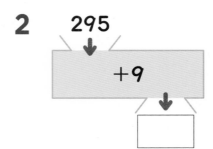

3 394 → +8 → □

4 497 → +8 → □

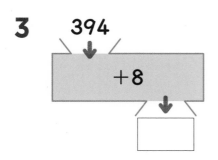
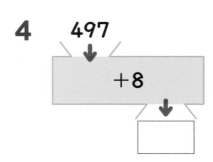

5 599 → +6 → □

6 698 → +8 → □

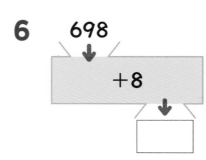

7 6 → +794 → □

8 7 → +396 → □

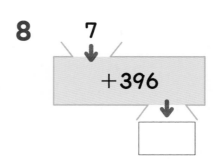

9 8 → +499 → □

10 9 → +697 → □

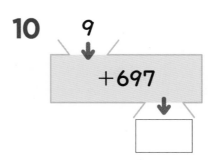

⏰ 빈 곳에 알맞은 수를 써넣으시오. (11 ~ 20)

11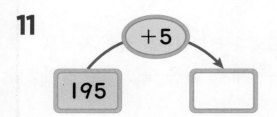

12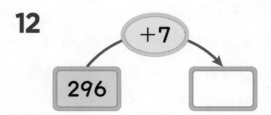

13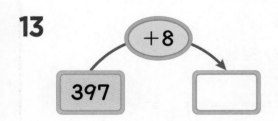

14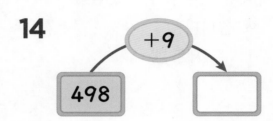

15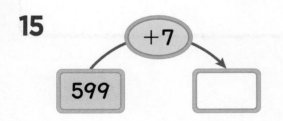

16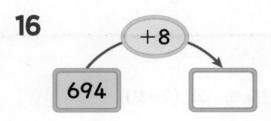

17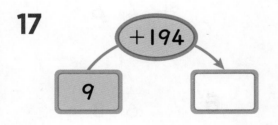

18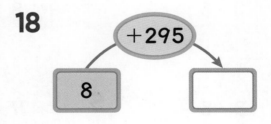

19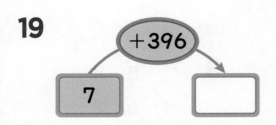

20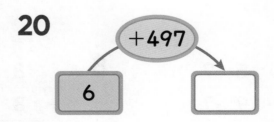

3 받아올림이 두 번 있는 (두 자리 수)+(두 자리 수)(1)

✿ **85+67의 계산**

(1) 일의 자리 숫자끼리의 합이 10이거나 10보다 크면 10을 십의 자리로 받아올림하여 십의 자리 위에 작게 1로 나타내고, 남은 수는 일의 자리에 씁니다.

(2) 받아올림한 1과 십의 자리 숫자의 합이 10이거나 10보다 크면 10을 백의 자리로 받아올림하여 백의 자리에 1을 쓰고, 남은 수는 십의 자리에 씁니다.

〈세로셈〉

```
    1
    8 5
  + 6 7
  1 5 2
```

〈가로셈〉

$$8\ 5 + 6\ 7 = 1\ 5\ 2$$

⏰ 계산을 하시오. (1~9)

1
```
    8 4
  + 5 8
```

2
```
    3 9
  + 8 5
```

3
```
    6 8
  + 4 6
```

4
```
    8 8
  + 6 5
```

5
```
    7 5
  + 7 7
```

6
```
    6 8
  + 8 7
```

7
```
    5 7
  + 9 7
```

8
```
    8 6
  + 8 7
```

9
```
    8 8
  + 6 2
```

계산을 하시오. (10 ~ 24)

10
```
    3 4
+   8 9
―――――
```

11
```
    4 6
+   9 7
―――――
```

12
```
    5 8
+   8 6
―――――
```

13
```
    6 3
+   9 8
―――――
```

14
```
    7 5
+   5 7
―――――
```

15
```
    8 4
+   6 7
―――――
```

16
```
    9 7
+   8 3
―――――
```

17
```
    2 8
+   9 5
―――――
```

18
```
    3 7
+   6 6
―――――
```

19
```
    4 4
+   8 8
―――――
```

20
```
    5 5
+   7 9
―――――
```

21
```
    6 7
+   7 9
―――――
```

22
```
    7 4
+   4 9
―――――
```

23
```
    8 6
+   5 7
―――――
```

24
```
    9 8
+   6 4
―――――
```

3 받아올림이 두 번 있는 (두 자리 수)+(두 자리 수) (2)

⏰ 계산을 하시오. (1~16)

1 36 + 64 =

2 75 + 57 =

3 54 + 98 =

4 63 + 79 =

5 77 + 88 =

6 86 + 75 =

7 44 + 98 =

8 96 + 84 =

9 56 + 89 =

10 74 + 67 =

11 85 + 88 =

12 94 + 59 =

13 68 + 77 =

14 73 + 29 =

15 59 + 89 =

16 67 + 95 =

계산은 빠르고 정확하게!

걸린 시간	1~8분	8~12분	12~16분
맞은 개수	29~32개	22~28개	1~21개
평가	참 잘했어요.	잘했어요.	좀더 노력해요.

⏰ 계산을 하시오. (17 ~ 32)

17 3 7 + 7 5 =

18 7 6 + 6 8 =

19 5 5 + 8 8 =

20 6 4 + 6 6 =

21 7 8 + 8 9 =

22 8 7 + 9 4 =

23 4 5 + 8 7 =

24 9 7 + 9 4 =

25 5 7 + 7 9 =

26 7 5 + 7 8 =

27 8 6 + 8 9 =

28 9 5 + 6 5 =

29 6 9 + 7 8 =

30 7 4 + 2 8 =

31 6 6 + 9 9 =

32 9 9 + 9 8 =

⏰ 계산을 하시오. (1~15)

1
```
    3 8
 +  7 5
```

2
```
    4 9
 +  8 6
```

3
```
    5 7
 +  9 5
```

4
```
    6 3
 +  7 7
```

5
```
    6 4
 +  6 8
```

6
```
    7 5
 +  8 9
```

7
```
    8 6
 +  9 9
```

8
```
    7 8
 +  4 8
```

9
```
    8 9
 +  5 9
```

10
```
    9 8
 +  7 5
```

11
```
    8 7
 +  6 4
```

12
```
    7 7
 +  5 3
```

13
```
    6 5
 +  9 9
```

14
```
    7 6
 +  8 8
```

15
```
    8 7
 +  8 4
```

⏰ 계산을 하시오. (16 ~ 31)

16 23+77=☐

17 34+88=☐

18 45+99=☐

19 56+97=☐

20 67+86=☐

21 78+75=☐

22 89+98=☐

23 97+57=☐

24 79+67=☐

25 88+56=☐

26 46+98=☐

27 57+96=☐

28 68+95=☐

29 79+65=☐

30 69+87=☐

31 87+47=☐

⏰ □ 안에 알맞은 수를 써넣으시오. (1~10)

1   26
+75
□

2   87
+57
□

3   48
+78
□

4   59
+96
□

5   64
+86
□

6   75
+89
□

7   83
+78
□

8   97
+88
□

9   79
+81
□

10   86
+76
□

계산은 빠르고 정확하게!

걸린 시간	1~5분	5~8분	8~10분
맞은 개수	18~20개	14~17개	1~13개
평가	참 잘했어요.	잘했어요.	좀더 노력해요.

⏰ 빈 곳에 알맞은 수를 써넣으시오. (11~20)

11
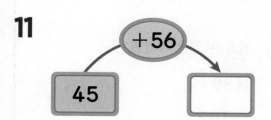

12
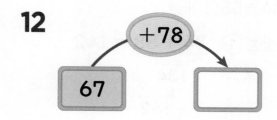

13
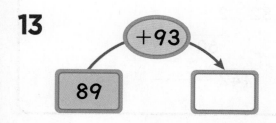

14
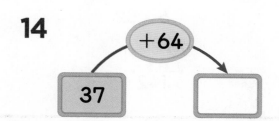

15
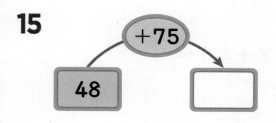

16
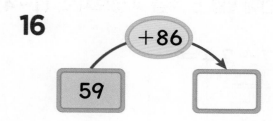

17
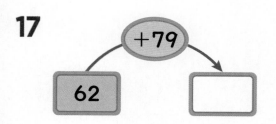

18
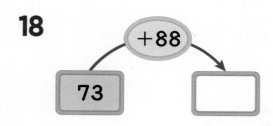

19
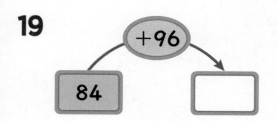

20
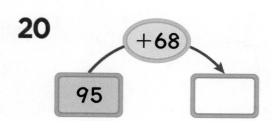

여러 가지 방법으로 계산하기 (1)

⭐ 84+58의 계산

방법 ① 84 + 58 = 142
134
142

방법 ② 84 + 58 = 142
130 12
142

방법 ③ 84 + 58 = 142
6   52
90
142

방법 ④ 84 + 58 = 142
82   2
60
142

⏰ ☐ 안에 알맞은 수를 써넣으시오. (1~4)

1 6 7 + 7 4 = ☐

2 7 8 + 4 7 = ☐

3 5 9 + 4 5 = ☐

4 8 6 + 6 9 = ☐

□ 안에 알맞은 수를 써넣으시오. (5~12)

5 37+96

$= 37 + \boxed{} + 6$

$= \boxed{} + 6$

$= \boxed{}$

6 48+87

$= 48 + \boxed{} + 7$

$= \boxed{} + 7$

$= \boxed{}$

7 73+47

$= 73 + \boxed{} + 7$

$= \boxed{} + 7$

$= \boxed{}$

8 85+58

$= 85 + \boxed{} + 8$

$= \boxed{} + 8$

$= \boxed{}$

9 54+98

$= 54 + 90 + \boxed{}$

$= \boxed{} + \boxed{}$

$= \boxed{}$

10 63+87

$= 63 + 80 + \boxed{}$

$= \boxed{} + \boxed{}$

$= \boxed{}$

11 86+69

$= 86 + 60 + \boxed{}$

$= \boxed{} + \boxed{}$

$= \boxed{}$

12 98+76

$= 98 + 70 + \boxed{}$

$= \boxed{} + \boxed{}$

$= \boxed{}$

4 여러 가지 방법으로 계산하기 (2)

⏰ □ 안에 알맞은 수를 써넣으시오. (1~8)

1 56＋74＝□
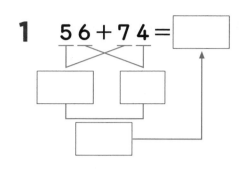

2 67＋75＝□
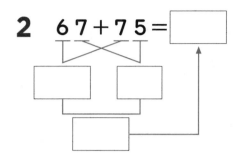

3 78＋88＝□
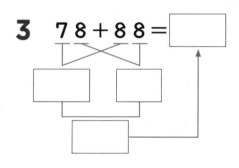

4 86＋59＝□
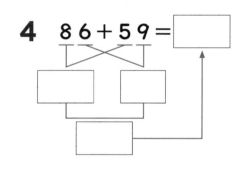

5 93＋68＝□
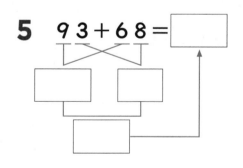

6 64＋76＝□
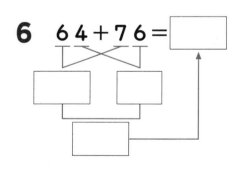

7 87＋69＝□
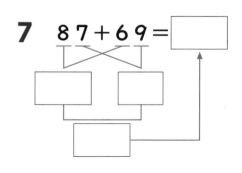

8 99＋75＝□
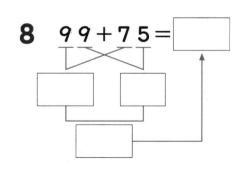

⏰ □ 안에 알맞은 수를 써넣으시오. (9~16)

9 $57+75$

$=50+70+\boxed{}+5$

$=\boxed{}+12$

$=\boxed{}$

10 $63+88$

$=60+\boxed{}+3+8$

$=\boxed{}+11$

$=\boxed{}$

11 $75+68$

$=\boxed{}+60+5+8$

$=\boxed{}+\boxed{}$

$=\boxed{}$

12 $84+79$

$=80+\boxed{}+4+9$

$=\boxed{}+\boxed{}$

$=\boxed{}$

13 $96+67$

$=\boxed{}+60+6+7$

$=\boxed{}+\boxed{}$

$=\boxed{}$

14 $48+57$

$=40+50+8+\boxed{}$

$=\boxed{}+\boxed{}$

$=\boxed{}$

15 $39+98$

$=30+90+\boxed{}+8$

$=\boxed{}+\boxed{}$

$=\boxed{}$

16 $68+83$

$=60+\boxed{}+8+3$

$=\boxed{}+\boxed{}$

$=\boxed{}$

⏰ ☐ 안에 알맞은 수를 써넣으시오. (1~8)

1 2 7 + 8 6 = ☐

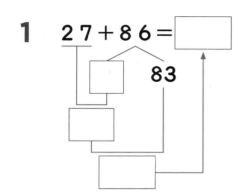

83

2 3 8 + 9 5 = ☐

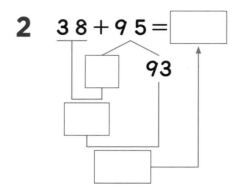

93

3 6 4 + 7 8 = ☐

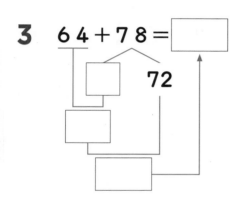

72

4 7 7 + 9 5 = ☐

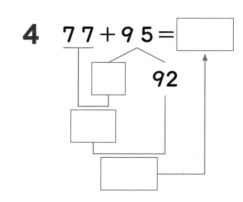

92

5 4 6 + 7 5 = ☐

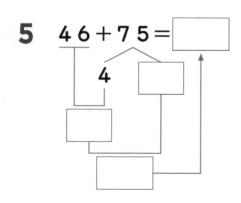

4

6 5 9 + 7 5 = ☐

1

7 8 5 + 3 9 = ☐

5

8 9 8 + 5 5 = ☐

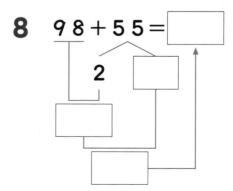

2

⏰ ☐ 안에 알맞은 수를 써넣으시오. (9 ~ 16)

9 $58+64$

$=58+\boxed{}+62$

$=\boxed{}+62$

$=\boxed{}$

10 $65+79$

$=65+\boxed{}+74$

$=\boxed{}+74$

$=\boxed{}$

11 $38+96$

$=38+\boxed{}+94$

$=\boxed{}+94$

$=\boxed{}$

12 $76+84$

$=76+\boxed{}+80$

$=\boxed{}+80$

$=\boxed{}$

13 $49+55$

$=49+1+\boxed{}$

$=\boxed{}+\boxed{}$

$=\boxed{}$

14 $57+86$

$=57+3+\boxed{}$

$=\boxed{}+\boxed{}$

$=\boxed{}$

15 $97+88$

$=95+\boxed{}+88$

$=95+\boxed{}$

$=\boxed{}$

16 $54+87$

$=51+\boxed{}+87$

$=51+\boxed{}$

$=\boxed{}$

4 여러 가지 방법으로 계산하기 (4)

🕐 주어진 식을 두 가지 방법으로 계산하시오. (1~6)

1 (57+76)

2 (89+45)

3 (78+54)

4 (96+34)

5 (67+85)

6 (59+87)

계산은 빠르고 정확하게!

걸린 시간	1~12분	12~16분	16~24분
맞은 개수	11~12개	8~10개	1~7개
평가	참 잘했어요.	잘했어요.	좀더 노력해요.

⏰ 주어진 식을 두 가지 방법으로 계산하시오. (7 ~ 12)

7 (63+78)

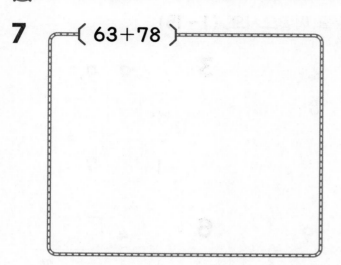

8 (75+89)

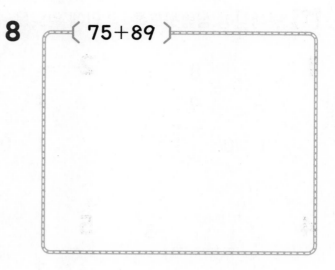

9 (84+57)

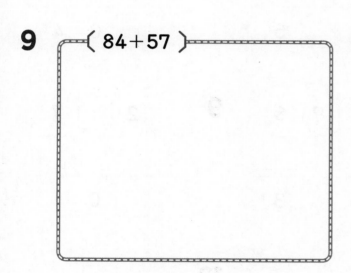

10 (46+77)

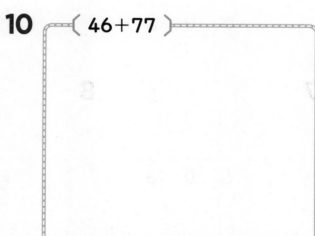

11 (32+99)

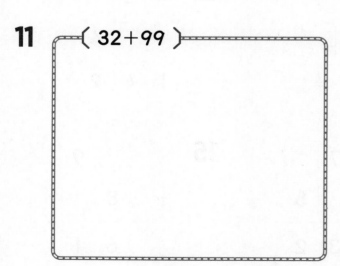

12 (57+68)

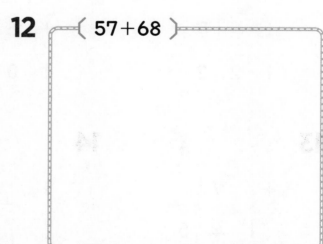

⏰ 덧셈식이 성립하도록 □ 안에 알맞은 수를 써넣으시오. (1 ~ 15)

1
```
  □ 8
+   9
―――
1 0 □
```

2
```
  □ 4
+   8
―――
1 0 □
```

3
```
  9 9
+   □
―――
1 □ 7
```

4
```
  □ □ 6
+     □
―――――
  6 0 2
```

5
```
  □ 9 □
+     6
―――――
  6 □ 5
```

6
```
  4 □ □
+     7
―――――
  □ 0 4
```

7
```
  □ □ 5
+     □
―――――
  6 0 3
```

8
```
  □ 9 8
+     □
―――――
  5 □ 3
```

9
```
  2 □ 7
+     □
―――――
  □ 0 1
```

10
```
  7 □
+ □ 7
―――
1 2 2
```

11
```
  □ 9
+ 6 □
―――
1 0 4
```

12
```
  5 □
+ □ 4
―――
1 4 2
```

13
```
  □ 6
+ 7 □
―――
1 4 5
```

14
```
  7 □
+ □ 5
―――
□ 3 2
```

15
```
  □ 9
+ 8 □
―――
□ 6 1
```

계산은 빠르고 정확하게!

걸린 시간	1~10분	10~15분	15~20분
맞은 개수	18~19개	14~17개	1~13개
평가	참 잘했어요.	잘했어요.	좀더 노력해요.

다음의 숫자 카드를 사용하여 (두 자리 수)+(두 자리 수)를 만들려고 합니다. 계산 결과가 가장 큰 식과 가장 작은 식을 만들고 그 합을 구하시오. **(16 ~ 19)**

16

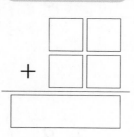 가장 큰 합

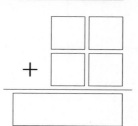 가장 작은 합

17

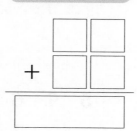 가장 큰 합

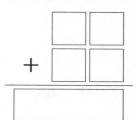 가장 작은 합

18

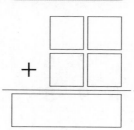 가장 큰 합

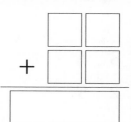 가장 작은 합

19

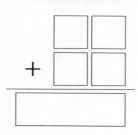 가장 큰 합

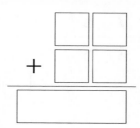 가장 작은 합

확인 평가

 계산을 하시오. (1 ~ 15)

1
```
    9 6
+     7
```

2
```
    9 8
+     3
```

3
```
    9 7
+     7
```

4
```
  1 9 5
+     8
```

5
```
  3 9 7
+     6
```

6
```
  5 9 8
+     7
```

7
```
  2 9 4
+     6
```

8
```
  5 9 6
+     7
```

9
```
  7 9 5
+     9
```

10
```
    8 4
+   2 9
```

11
```
    3 6
+   9 8
```

12
```
    2 9
+   8 7
```

13
```
    7 6
+   8 6
```

14
```
    6 7
+   9 9
```

15
```
    8 4
+   5 8
```

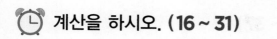 계산을 하시오. (16 ~ 31)

16 9 7 + 4 =

17 9 9 + 5 =

18 9 6 + 7 =

19 9 8 + 9 =

20 1 9 6 + 4 =

21 2 9 7 + 8 =

22 3 9 7 + 9 =

23 6 9 3 + 9 =

24 8 5 + 3 8 =

25 4 6 + 8 6 =

26 6 7 + 3 8 =

27 5 9 + 9 6 =

28 9 4 + 4 8 =

29 8 8 + 3 5 =

30 7 9 + 6 8 =

31 6 8 + 5 4 =

 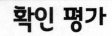

🕐 주어진 식을 두 가지 방법으로 계산하시오. (32 ~ 37)

32 ⟨ 59+63 ⟩

33 ⟨ 48+52 ⟩

34 ⟨ 69+55 ⟩

35 ⟨ 36+87 ⟩

36 ⟨ 65+88 ⟩

37 ⟨ 78+89 ⟩

초등 수학의 기본은 연산력!!

신기한 연산왕

정답 B-1

초2 수준

정답

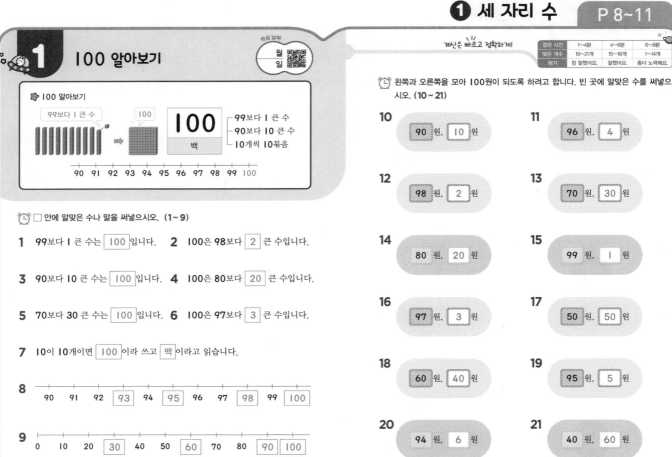

1 100 알아보기

학습 날짜 월 일

✿ 100 알아보기

99보다 1 큰 수 → 100
100
백
— 99보다 1 큰 수
— 90보다 10 큰 수
— 10개씩 10묶음

90 91 92 93 94 95 96 97 98 99 100

⏰ □ 안에 알맞은 수나 말을 써넣으시오. (1~9)

1 99보다 1 큰 수는 100 입니다.   **2** 100은 98보다 2 큰 수입니다.

3 90보다 10 큰 수는 100 입니다.   **4** 100은 80보다 20 큰 수입니다.

5 70보다 30 큰 수는 100 입니다.   **6** 100은 97보다 3 큰 수입니다.

7 10이 10개이면 100 이라 쓰고 백 이라고 읽습니다.

8 90 91 92 93 94 95 96 97 98 99 100

9 0 10 20 30 40 50 60 70 80 90 100

계산은 빠르고 정확하게!

걸린 시간	1~4분	4~6분	6~8분
맞은 개수	19~21개	15~18개	1~14개
평가	참 잘했어요.	잘했어요.	좀더 노력해요.

⏰ 왼쪽과 오른쪽을 모아 100원이 되도록 하려고 합니다. 빈 곳에 알맞은 수를 써넣으시오. (10~21)

10 90 원, 10 원

11 96 원, 4 원

12 98 원, 2 원

13 70 원, 30 원

14 80 원, 20 원

15 99 원, 1 원

16 97 원, 3 원

17 50 원, 50 원

18 60 원, 40 원

19 95 원, 5 원

20 94 원, 6 원

21 40 원, 60 원

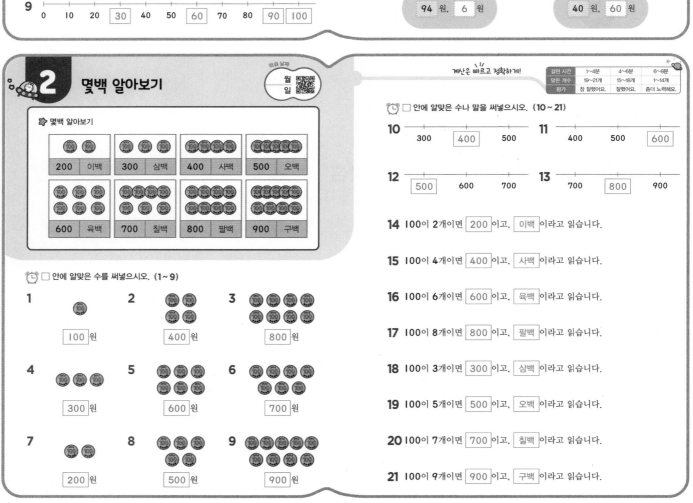

2 몇백 알아보기

학습 날짜 월 일

✿ 몇백 알아보기

200	이백	300	삼백	400	사백	500	오백
600	육백	700	칠백	800	팔백	900	구백

⏰ □ 안에 알맞은 수를 써넣으시오. (1~9)

1 100 원

2 400 원

3 800 원

4 300 원

5 600 원

6 700 원

7 200 원

8 500 원

9 900 원

계산은 빠르고 정확하게!

걸린 시간	1~4분	4~6분	6~8분
맞은 개수	19~21개	15~18개	1~14개
평가	참 잘했어요.	잘했어요.	좀더 노력해요.

⏰ □ 안에 알맞은 수나 말을 써넣으시오. (10~21)

10 300 400 500

11 400 500 600

12 500 600 700

13 700 800 900

14 100이 2개이면 200 이고, 이백 이라고 읽습니다.

15 100이 4개이면 400 이고, 사백 이라고 읽습니다.

16 100이 6개이면 600 이고, 육백 이라고 읽습니다.

17 100이 8개이면 800 이고, 팔백 이라고 읽습니다.

18 100이 3개이면 300 이고, 삼백 이라고 읽습니다.

19 100이 5개이면 500 이고, 오백 이라고 읽습니다.

20 100이 7개이면 700 이고, 칠백 이라고 읽습니다.

21 100이 9개이면 900 이고, 구백 이라고 읽습니다.

3 세 자리 수 알아보기(1)

월 일

✿ 세 자리 수 쓰고 읽기

백 모형	십 모형	일 모형

100이 2개
10이 4개 ┐이면 248이고,
1이 8개 ┘
248은 이백사십팔이라고 읽습니다.

🕐 수 모형을 보고 □ 안에 알맞은 수를 써넣으시오. (1~2)

1

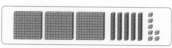

(1) 백 모형은 3 개, 십 모형은 5 개, 일 모형은 7 개입니다.

(2) 수 모형이 나타내는 수는 357 입니다.

2

(1) 백 모형은 6 개, 십 모형은 4 개, 일 모형은 9 개입니다.

(2) 수 모형이 나타내는 수는 649 입니다.

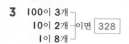
계산은 빠르고 정확하게!

걸린 시간	1~3분	3~5분	5~7분
맞은 개수	11~12개	8~10개	1~7개
평가	참 잘했어요.	잘했어요.	좀더 노력해요.

🕐 □ 안에 알맞은 수를 써넣으시오. (3~12)

3 100이 3개
10이 2개 ┐이면 328
1이 8개 ┘

4 456은
100이 4 개
10이 5 개
1이 6 개

5 100이 1개
10이 8개 ┐이면 185
1이 5개 ┘

6 752는
100이 7 개
10이 5 개
1이 2 개

7 100이 8개
10이 0개 ┐이면 803
1이 3개 ┘

8 406은
100이 4 개
10이 0 개
1이 6 개

9 100이 5개
10이 9개 ┐이면 597
1이 7개 ┘

10 999는
100이 9 개
10이 9 개
1이 9 개

11 100이 6개
10이 7개 ┐이면 674
1이 4개 ┘

12 834는
100이 8 개
10이 3 개
1이 4 개

3 세 자리 수 알아보기(2)

월 일

계산은 빠르고 정확하게!

걸린 시간	1~4분	4~6분	6~8분
맞은 개수	15~16개	12~14개	1~11개
평가	참 잘했어요.	잘했어요.	좀더 노력해요.

🕐 각 자리의 숫자를 보고 수를 쓰고 읽어 보시오. (1~8)

1

백의 자리 숫자	십의 자리 숫자	일의 자리 숫자
3	8	4

쓰기: 384

읽기: 삼백팔십사

2

백의 자리 숫자	십의 자리 숫자	일의 자리 숫자
5	4	6

쓰기: 546

읽기: 오백사십육

3

백의 자리 숫자	십의 자리 숫자	일의 자리 숫자
6	2	7

쓰기: 627

읽기: 육백이십칠

4

백의 자리 숫자	십의 자리 숫자	일의 자리 숫자
4	9	1

쓰기: 491

읽기: 사백구십일

5

백의 자리 숫자	십의 자리 숫자	일의 자리 숫자
2	7	8

쓰기: 278

읽기: 이백칠십팔

6

백의 자리 숫자	십의 자리 숫자	일의 자리 숫자
7	3	5

쓰기: 735

읽기: 칠백삼십오

7

백의 자리 숫자	십의 자리 숫자	일의 자리 숫자
9	5	2

쓰기: 952

읽기: 구백오십이

8

백의 자리 숫자	십의 자리 숫자	일의 자리 숫자
1	6	3

쓰기: 163

읽기: 백육십삼

🕐 각 자리의 숫자를 보고 수를 쓰고 읽어 보시오. (9~16)

9

백의 자리 숫자	십의 자리 숫자	일의 자리 숫자
6	8	0

쓰기: 680

읽기: 육백팔십

10

백의 자리 숫자	십의 자리 숫자	일의 자리 숫자
7	0	5

쓰기: 705

읽기: 칠백오

11

백의 자리 숫자	십의 자리 숫자	일의 자리 숫자
3	6	9

쓰기: 369

읽기: 삼백육십구

12

백의 자리 숫자	십의 자리 숫자	일의 자리 숫자
8	1	0

쓰기: 810

읽기: 팔백십

13

백의 자리 숫자	십의 자리 숫자	일의 자리 숫자
5	7	0

쓰기: 570

읽기: 오백칠십

14

백의 자리 숫자	십의 자리 숫자	일의 자리 숫자
6	0	3

쓰기: 603

읽기: 육백삼

15

백의 자리 숫자	십의 자리 숫자	일의 자리 숫자
4	0	1

쓰기: 401

읽기: 사백일

16

백의 자리 숫자	십의 자리 숫자	일의 자리 숫자
9	0	8

쓰기: 908

읽기: 구백팔

3 세 자리 수 알아보기(3)

월 일

계산은 빠르고 정확하게!

걸린 시간	1~6분	6~8분	8~10분
맞은 개수	29~32개	23~28개	1~22개
평가	참 잘했어요.	잘했어요.	좀더 노력해요.

수를 읽어 보시오. (1~16)

1 132 ➡ 백삼십이

2 253 ➡ 이백오십삼

3 361 ➡ 삼백육십일

4 474 ➡ 사백칠십사

5 527 ➡ 오백이십칠

6 685 ➡ 육백팔십오

7 876 ➡ 팔백칠십육

8 918 ➡ 구백십팔

9 309 ➡ 삼백구

10 501 ➡ 오백일

11 703 ➡ 칠백삼

12 902 ➡ 구백이

13 240 ➡ 이백사십

14 160 ➡ 백육십

15 480 ➡ 사백팔십

16 630 ➡ 육백삼십

수로 써 보시오. (17~32)

17 오백삼십이 ➡ 532

18 사백이십오 ➡ 425

19 삼백십사 ➡ 314

20 이백구십 ➡ 290

21 육백오 ➡ 605

22 칠백삼십팔 ➡ 738

23 팔백육십 ➡ 860

24 구백육 ➡ 906

25 백사십 ➡ 140

26 삼백오십칠 ➡ 357

27 오백칠십삼 ➡ 573

28 백구 ➡ 109

29 구백삼십육 ➡ 936

30 팔백사십이 ➡ 842

31 칠백십오 ➡ 715

32 육백칠 ➡ 607

4 세 자리 수의 자릿값 알아보기(1)

월 일

계산은 빠르고 정확하게!

걸린 시간	1~3분	3~5분	5~7분
맞은 개수	6~7개	4~5개	1~3개
평가	참 잘했어요.	잘했어요.	좀더 노력해요.

세 자리 수의 자릿값 알아보기

백의 자리	십의 자리	일의 자리
2	4	7

⬇

2	0	0
	4	0
		7

247에서

- 2는 백의 자리 숫자이고, 200을 나타냅니다.
- 4는 십의 자리 숫자이고, 40을 나타냅니다.
- 7은 일의 자리 숫자이고, 7을 나타냅니다.

➡ 247=200+40+7

빈 곳에 알맞은 수를 써넣으시오. (1~2)

1 546 ➡

백의 자리	십의 자리	일의 자리
5	4	6

⬇

5	0	0
	4	0
		6

2 427 ➡

백의 자리	십의 자리	일의 자리
4	2	7

⬇

4	0	0
	2	0
		7

☐ 안에 알맞은 말이나 수를 써넣으시오. (3~7)

3 629에서
- 숫자 6은 백의 자리 숫자이고, 600을 나타냅니다.
- 숫자 2는 십의 자리 숫자이고, 20을 나타냅니다.
- 숫자 9는 일의 자리 숫자이고, 9를 나타냅니다.

4 436에서
- 숫자 4는 백의 자리 숫자이고, 400을 나타냅니다.
- 숫자 3은 십의 자리 숫자이고, 30을 나타냅니다.
- 숫자 6은 일의 자리 숫자이고, 6을 나타냅니다.

5 725에서
- 숫자 7은 백의 자리 숫자이고, 700을 나타냅니다.
- 숫자 2는 십의 자리 숫자이고, 20을 나타냅니다.
- 숫자 5는 일의 자리 숫자이고, 5를 나타냅니다.

6 308에서
- 숫자 3은 백의 자리 숫자이고, 300을 나타냅니다.
- 숫자 0은 십의 자리 숫자이고, 0을 나타냅니다.
- 숫자 8은 일의 자리 숫자이고, 8을 나타냅니다.

7 570에서
- 숫자 5는 백의 자리 숫자이고, 500을 나타냅니다.
- 숫자 7은 십의 자리 숫자이고, 70을 나타냅니다.
- 숫자 0은 일의 자리 숫자이고, 0을 나타냅니다.

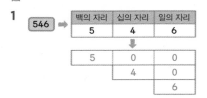

4 세 자리 수의 자릿값 알아보기 (2)

학습 날짜
월 일

계산은 빠르고 정확하게!

걸린 시간	1~5분	5~8분	8~10분
맞은 개수	17~18개	13~16개	1~12개
평가	참 잘했어요.	잘했어요.	좀더 노력해요.

⏰ □ 안에 알맞은 수를 써넣으시오. (1~6)

1 467에서
백의 자리 숫자 4는 400 ,
십의 자리 숫자 6은 60 ,
일의 자리 숫자 7은 7 을
나타냅니다.
➡ 467= 400 + 60 + 7

2 526에서
백의 자리 숫자 5는 500 ,
십의 자리 숫자 2는 20 ,
일의 자리 숫자 6은 6 을
나타냅니다.
➡ 526= 500 + 20 + 6

3 738에서
백의 자리 숫자 7은 700 ,
십의 자리 숫자 3은 30 ,
일의 자리 숫자 8은 8 을
나타냅니다.
➡ 738= 700 + 30 + 8

4 913에서
백의 자리 숫자 9는 900 ,
십의 자리 숫자 1은 10 ,
일의 자리 숫자 3은 3 을
나타냅니다.
➡ 913= 900 + 10 + 3

5 608에서
백의 자리 숫자 6은 600 ,
십의 자리 숫자 0은 0 ,
일의 자리 숫자 8은 8 을
나타냅니다.
➡ 608= 600 + 0 + 8

6 340에서
백의 자리 숫자 3은 300 ,
십의 자리 숫자 4는 40 ,
일의 자리 숫자 0은 0 을
나타냅니다.
➡ 340= 300 + 40 + 0

⏰ □ 안에 알맞은 수를 써넣으시오. (7~18)

7

백의 자리	십의 자리	일의 자리
4	2	5

➡ 425= 400 + 20 + 5

8

백의 자리	십의 자리	일의 자리
3	6	8

➡ 368= 300 + 60 + 8

9

백의 자리	십의 자리	일의 자리
1	4	7

➡ 147= 100 + 40 + 7

10

백의 자리	십의 자리	일의 자리
5	3	6

➡ 536= 500 + 30 + 6

11

백의 자리	십의 자리	일의 자리
5	7	0

➡ 570= 500 + 70 + 0

12

백의 자리	십의 자리	일의 자리
6	0	4

➡ 604= 600 + 0 + 4

13

백의 자리	십의 자리	일의 자리
8	0	9

➡ 809= 800 + 0 + 9

14

백의 자리	십의 자리	일의 자리
9	1	0

➡ 910= 900 + 10 + 0

15

백의 자리	십의 자리	일의 자리
6	2	5

➡ 625= 600 + 20 + 5

16

백의 자리	십의 자리	일의 자리
7	6	4

➡ 764= 700 + 60 + 4

17

백의 자리	십의 자리	일의 자리
9	0	2

➡ 902= 900 + 0 + 2

18

백의 자리	십의 자리	일의 자리
8	5	0

➡ 850= 800 + 50 + 0

---

 5 뛰어서 세기 (1)

학습 날짜
월 일

계산은 빠르고 정확하게!

걸린 시간	1~4분	4~6분	6~8분
맞은 개수	9~10개	7~8개	1~6개
평가	참 잘했어요.	잘했어요.	좀더 노력해요.

📌 **뛰어서 세기**
· 100씩 뛰어서 세면 백의 자리 숫자가 1씩 커집니다.
　　100-200-300-400-500-600-700-800
· 10씩 뛰어서 세면 십의 자리 숫자가 1씩 커집니다.
　　520-530-540-550-560-570-580-590
· 1씩 뛰어서 세면 일의 자리 숫자가 1씩 커집니다.
　　992-993-994-995-996-997-998-999

📌 **천 알아보기**
999보다 1 큰 수는 1000입니다. 1000은 천이라고 읽습니다.

⏰ 뛰어서 세어 보시오. (4~10)

4 [1씩 뛰어서 세기]

564 — 565 — 566 — 567 — 568 — 569 — 570

5 [10씩 뛰어서 세기]

340 — 350 — 360 — 370 — 380 — 390 — 400

6 [100씩 뛰어서 세기]

348 — 448 — 548 — 648 — 748 — 848 — 948

7 [5씩 뛰어서 세기]

770 — 775 — 780 — 785 — 790 — 795 — 800

8 [50씩 뛰어서 세기]

400 — 450 — 500 — 550 — 600 — 650 — 700

9 [1씩 뛰어서 세기]

794 — 795 — 796 — 797 — 798 — 799 — 800

10 [10씩 뛰어서 세기]

428 — 438 — 448 — 458 — 468 — 478 — 488

⏰ 빈 곳에 알맞은 수를 써넣으시오. (1~3)

1 [1씩 뛰어서 세기]

994 — 995 — 996 — 997 — 998 — 999 — 1000

2 [10씩 뛰어서 세기]

330 — 340 — 350 — 360 — 370 — 380 — 390

3 [100씩 뛰어서 세기]

120 — 220 — 320 — 420 — 520 — 620 — 720

5 뛰어서 세기(2)

월 일

계산은 빠르고 정확하게!

걸린 시간	1~5분	5~8분	8~10분
맞은 개수	20~22개	16~19개	1~15개
평가	참 잘했어요.	잘했어요.	좀더 노력해요.

몇씩 뛰어서 센 것인지 알아보고 □ 안에 알맞은 수를 써넣으시오. (1 ~ 12)

1 330 - 331 - 332 - 333
➡ [1] 씩 뛰어서 세었습니다.

2 410 - 420 - 430 - 440
➡ [10] 씩 뛰어서 세었습니다.

3 400 - 500 - 600 - 700
➡ [100] 씩 뛰어서 세었습니다.

4 620 - 625 - 630 - 635
➡ [5] 씩 뛰어서 세었습니다.

5 750 - 800 - 850 - 900
➡ [50] 씩 뛰어서 세었습니다.

6 254 - 255 - 256 - 257
➡ [1] 씩 뛰어서 세었습니다.

7 652 - 662 - 672 - 682
➡ [10] 씩 뛰어서 세었습니다.

8 612 - 712 - 812 - 912
➡ [100] 씩 뛰어서 세었습니다.

9 970 - 980 - 990 - 1000
➡ [10] 씩 뛰어서 세었습니다.

10 585 - 590 - 595 - 600
➡ [5] 씩 뛰어서 세었습니다.

11 202 - 302 - 402 - 502
➡ [100] 씩 뛰어서 세었습니다.

12 997 - 998 - 999 - 1000
➡ [1] 씩 뛰어서 세었습니다.

빈 곳에 알맞은 수를 써넣으시오. (13 ~ 22)

13 271 - 272 - 273 - 274 - 275 - 276 - 277

14 697 - 698 - 699 - 700 - 701 - 702 - 703

15 994 - 995 - 996 - 997 - 998 - 999 - 1000

16 325 - 335 - 345 - 355 - 365 - 375 - 385

17 340 - 350 - 360 - 370 - 380 - 390 - 400

18 757 - 767 - 777 - 787 - 797 - 807 - 817

19 432 - 437 - 442 - 447 - 452 - 457 - 462

20 540 - 590 - 640 - 690 - 740 - 790 - 840

21 320 - 420 - 520 - 620 - 720 - 820 - 920

22 940 - 950 - 960 - 970 - 980 - 990 - 1000

6 두 수의 크기 비교(1)

월 일

계산은 빠르고 정확하게!

걸린 시간	1~5분	5~8분	8~10분
맞은 개수	18~20개	14~17개	1~13개
평가	참 잘했어요.	잘했어요.	좀더 노력해요.

🔲 두 수의 크기 비교

(1) 자릿수가 다른 경우에는 자릿수가 많은 수가 더 큽니다.
➡ 132 > 95

(2) 백의 자리 숫자가 다른 세 자리 수는 백의 자리 숫자가 큰 수가 더 큽니다.
➡ 685 < 730

(3) 백의 자리 숫자가 같은 세 자리 수는 십의 자리 숫자가 큰 수가 더 큽니다.
➡ 456 > 429

(4) 백과 십의 자리 숫자가 같은 세 자리 수는 일의 자리 숫자가 큰 수가 더 큽니다.
➡ 345 < 348

두 수의 크기를 비교하여 ○ 안에 >, <를 알맞게 써넣으시오. (1 ~ 12)

1 102 > 98
2 86 < 234
3 240 > 75
4 92 < 101
5 200 > 193
6 199 < 400
7 142 < 203
8 324 < 416
9 494 > 419
10 536 < 572
11 763 < 765
12 827 > 824

○ 안에 >, <를 알맞게 써넣고, 알맞은 말에 ○표 하시오. (13 ~ 20)

13 92 < 106 ➡ 92는 106보다 (작습니다, 큽니다).

14 153 > 89 ➡ 153은 89보다 (작습니다, 큽니다).

15 245 < 411 ➡ 245는 411보다 (작습니다, 큽니다).

16 372 > 198 ➡ 372는 198보다 (작습니다, 큽니다).

17 421 < 450 ➡ 421은 450보다 (작습니다, 큽니다).

18 652 > 648 ➡ 652는 648보다 (작습니다, 큽니다).

19 734 < 736 ➡ 734는 736보다 (작습니다, 큽니다).

20 925 > 923 ➡ 925는 923보다 (작습니다, 큽니다).

6 두 수의 크기 비교(2)

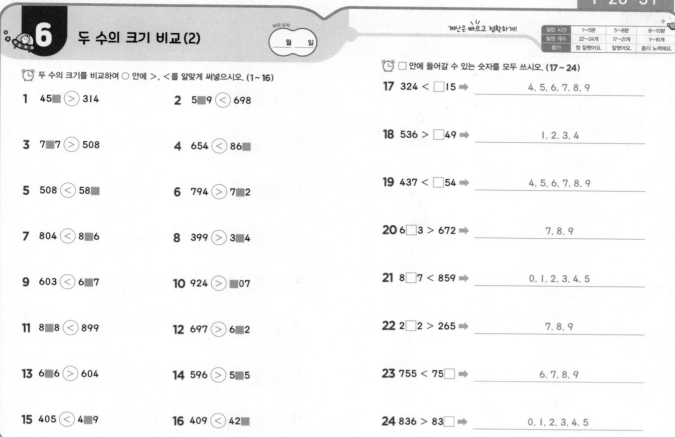

두 수의 크기를 비교하여 ○ 안에 >, <를 알맞게 써넣으시오. (1~16)

1 45■ > 314

2 5■9 < 698

3 7■7 > 508

4 654 < 86■

5 508 < 58■

6 794 > 7■2

7 804 < 8■6

8 399 > 3■4

9 603 < 6■7

10 924 > ■07

11 8■8 < 899

12 697 > 6■2

13 6■6 > 604

14 596 > 5■5

15 405 < 4■9

16 409 < 42■

계산은 빠르고 정확하게!

걸린 시간	1~5분	5~8분	8~10분
맞은 개수	22~24개	17~21개	1~16개
평가	참 잘했어요.	잘했어요.	좀더 노력해요.

□ 안에 들어갈 수 있는 숫자를 모두 쓰시오. (17~24)

17 324 < □15 ➡ 4, 5, 6, 7, 8, 9

18 536 > □49 ➡ 1, 2, 3, 4

19 437 < □54 ➡ 4, 5, 6, 7, 8, 9

20 6□3 > 672 ➡ 7, 8, 9

21 8□7 < 859 ➡ 0, 1, 2, 3, 4, 5

22 2□2 > 265 ➡ 7, 8, 9

23 755 < 75□ ➡ 6, 7, 8, 9

24 836 > 83□ ➡ 0, 1, 2, 3, 4, 5

7 세 수의 크기 비교(1)

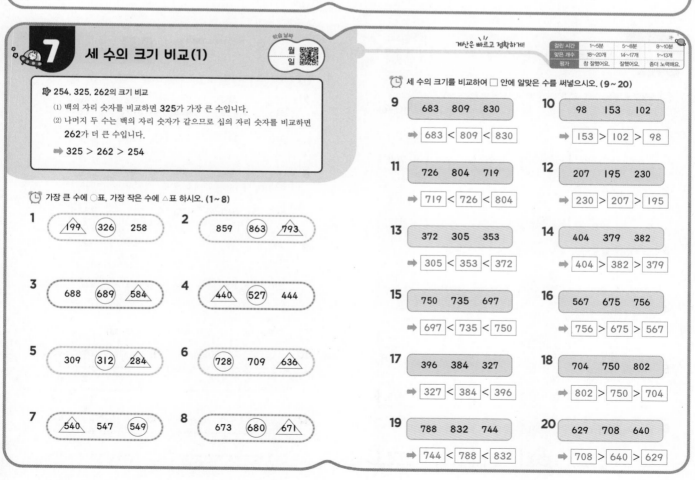

🚩 254, 325, 262의 크기 비교
(1) 백의 자리 숫자를 비교하면 325가 가장 큰 수입니다.
(2) 나머지 두 수는 백의 자리 숫자가 같으므로 십의 자리 숫자를 비교하면 262가 더 큰 수입니다.
➡ 325 > 262 > 254

가장 큰 수에 ○표, 가장 작은 수에 △표 하시오. (1~8)

1 △199 ○326 258

2 859 ○863 △793

3 688 ○689 △584

4 △440 ○527 444

5 309 ○312 △284

6 ○728 709 △636

7 △540 547 ○549

8 673 ○680 △671

계산은 빠르고 정확하게!

걸린 시간	1~5분	5~8분	8~10분
맞은 개수	18~20개	14~17개	1~13개
평가	참 잘했어요.	잘했어요.	좀더 노력해요.

세 수의 크기를 비교하여 □ 안에 알맞은 수를 써넣으시오. (9~20)

9 683 809 830
➡ 683 < 809 < 830

10 98 153 102
➡ 153 > 102 > 98

11 726 804 719
➡ 719 < 726 < 804

12 207 195 230
➡ 230 > 207 > 195

13 372 305 353
➡ 305 < 353 < 372

14 404 379 382
➡ 404 > 382 > 379

15 750 735 697
➡ 697 < 735 < 750

16 567 675 756
➡ 756 > 675 > 567

17 396 384 327
➡ 327 < 384 < 396

18 704 750 802
➡ 802 > 750 > 704

19 788 832 744
➡ 744 < 788 < 832

20 629 708 640
➡ 708 > 640 > 629

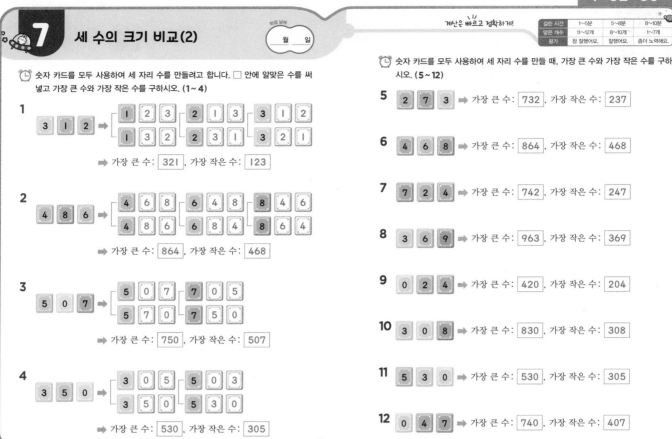

7 세 수의 크기 비교(2)

월 일

숫자 카드를 모두 사용하여 세 자리 수를 만들려고 합니다. □ 안에 알맞은 수를 써넣고 가장 큰 수와 가장 작은 수를 구하시오. (1~4)

1
3 1 2

1 2 3 | 2 1 3 | 3 1 2
1 3 2 | 2 3 1 | 3 2 1

➡ 가장 큰 수: 321 , 가장 작은 수: 123

2
4 8 6

4 6 8 | 6 4 8 | 8 4 6
4 8 6 | 6 8 4 | 8 6 4

➡ 가장 큰 수: 864 , 가장 작은 수: 468

3
5 0 7

5 0 7 | 7 0 5
5 7 0 | 7 5 0

➡ 가장 큰 수: 750 , 가장 작은 수: 507

4
3 5 0

3 0 5 | 5 0 3
3 5 0 | 5 3 0

➡ 가장 큰 수: 530 , 가장 작은 수: 305

계산은 빠르고 정확하게!

걸린 시간	1~5분	5~8분	8~10분
맞은 개수	11~12개	8~10개	1~7개
평가	참 잘했어요.	잘했어요.	좀더 노력해요.

숫자 카드를 모두 사용하여 세 자리 수를 만들 때, 가장 큰 수와 가장 작은 수를 구하시오. (5~12)

5 2 7 3 ➡ 가장 큰 수: 732 , 가장 작은 수: 237

6 4 6 8 ➡ 가장 큰 수: 864 , 가장 작은 수: 468

7 7 2 4 ➡ 가장 큰 수: 742 , 가장 작은 수: 247

8 3 6 9 ➡ 가장 큰 수: 963 , 가장 작은 수: 369

9 0 2 4 ➡ 가장 큰 수: 420 , 가장 작은 수: 204

10 3 0 8 ➡ 가장 큰 수: 830 , 가장 작은 수: 308

11 5 3 0 ➡ 가장 큰 수: 530 , 가장 작은 수: 305

12 0 4 7 ➡ 가장 큰 수: 740 , 가장 작은 수: 407

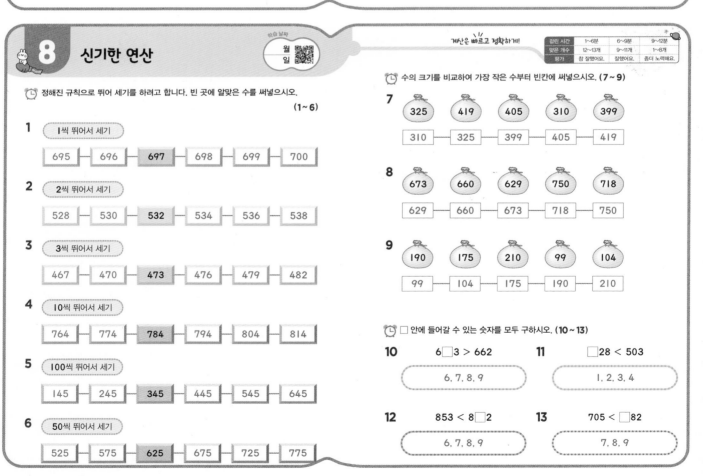

8 신기한 연산

월 일

정해진 규칙으로 뛰어 세기를 하려고 합니다. 빈 곳에 알맞은 수를 써넣으시오. (1~6)

1 1씩 뛰어서 세기

695 — 696 — **697** — 698 — 699 — 700

2 2씩 뛰어서 세기

528 — 530 — **532** — 534 — 536 — 538

3 3씩 뛰어서 세기

467 — 470 — **473** — 476 — 479 — 482

4 10씩 뛰어서 세기

764 — 774 — **784** — 794 — 804 — 814

5 100씩 뛰어서 세기

145 — 245 — **345** — 445 — 545 — 645

6 50씩 뛰어서 세기

525 — 575 — **625** — 675 — 725 — 775

계산은 빠르고 정확하게!

걸린 시간	1~6분	6~9분	9~12분
맞은 개수	12~13개	9~11개	1~8개
평가	참 잘했어요.	잘했어요.	좀더 노력해요.

수의 크기를 비교하여 가장 작은 수부터 빈칸에 써넣으시오. (7~9)

7 325 419 405 310 399

310 — 325 — 399 — 405 — 419

8 673 660 629 750 718

629 — 660 — 673 — 718 — 750

9 190 175 210 99 104

99 — 104 — 175 — 190 — 210

□ 안에 들어갈 수 있는 숫자를 모두 구하시오. (10~13)

10 6□3 > 662

6, 7, 8, 9

11 □28 < 503

1, 2, 3, 4

12 853 < 8□2

6, 7, 8, 9

13 705 < □82

7, 8, 9

확인 평가

걸린 시간	1~10분	10~15분	15~20분
맞은 개수	30~33개	24~29개	1~23개
평가	참 잘했어요.	잘했어요.	좀더 노력해요.

⏰ □ 안에 알맞은 수나 말을 써넣으시오. (1~8)

1 99보다 I 큰 수를 [100]이라 쓰고 [백]이라고 읽습니다.

2 100이 3개이면 [300]이고 [삼백]이라고 읽습니다.

3 100이 7개이면 [700]이고 [칠백]이라고 읽습니다.

4 100이 9개이면 [900]이고 [구백]이라고 읽습니다.

5

백의 자리 숫자	십의 자리 숫자	일의 자리 숫자
5	2	4

쓰기: [524]

읽기: [오백이십사]

6

백의 자리 숫자	십의 자리 숫자	일의 자리 숫자
6	4	0

쓰기: [640]

읽기: [육백사십]

7

백의 자리 숫자	십의 자리 숫자	일의 자리 숫자
7	0	8

쓰기: [708]

읽기: [칠백팔]

8

백의 자리 숫자	십의 자리 숫자	일의 자리 숫자
I	2	6

쓰기: [126]

읽기: [백이십육]

⏰ □ 안에 알맞은 수를 써넣으시오. (9~20)

9 100이 4개 ┐
10이 5개 ├이면 [459]
1이 9개 ┘

10 100이 3개 ┐
10이 0개 ├이면 [307]
1이 7개 ┘

11 279은 ┌ 100이 [2] 개
├ 10이 [7] 개
└ 1이 [9] 개

12 570은 ┌ 100이 [5] 개
├ 10이 [7] 개
└ 1이 [0] 개

13 육백이십사 ➡ [624]

14 삼백오십 ➡ [350]

15 칠백일 ➡ [701]

16 백삼십 ➡ [130]

17

백의 자리	십의 자리	일의 자리
3	4	6

➡ 346 = [300] + [40] + [6]

18

백의 자리	십의 자리	일의 자리
7	0	4

➡ 704 = [700] + [0] + [4]

19

백의 자리	십의 자리	일의 자리
5	3	0

➡ 530 = [500] + [30] + [0]

20

백의 자리	십의 자리	일의 자리
I	8	2

➡ 182 = [100] + [80] + [2]

 확인 평가

크라운을 도전하세요!

⏰ 뛰어 세는 규칙을 찾아 빈 곳에 알맞은 수를 써넣으시오. (21~23)

21 284 — 285 — 286 — 287 — 288 — 289 — 290

22 460 — 470 — 480 — 490 — 500 — 510 — 520

23 400 — 500 — 600 — 700 — 800 — 900 — 1000

⏰ 두 수의 크기를 비교하여 ○ 안에 >, <를 알맞게 써넣으시오. (24~31)

24 86 (<) 132

25 320 (<) 415

26 351 (>) 329

27 672 (<) 676

28 36■ (<) 403

29 693 (>) 6■1

30 6■6 (>) 604

31 309 (<) 32■

⏰ 세 수의 크기를 비교하여 □ 안에 알맞은 수를 써넣으시오. (32~33)

32 764 823 758

➡ [823] > [764] > [758]

33 386 410 402

➡ [410] > [402] > [386]

👑 **크라운 온라인 평가 응시 방법**

에듀왕닷컴 접속 www.eduwang.com
⊗
메인 상단 메뉴에서 단원평가 클릭
⊗
단계 및 단원 선택
⊗
온라인 단원평가 실시(30분 동안 평가 실시)
⊗
크라운 확인

🐰 각 단원평가를 통해 100점을 받으시면 크라운 1개를 드리며, 획득하신 크라운으로 에듀왕 닷컴에서 판매하고 있는 교재 및 서비스를 무료로 구매하실 수 있습니다.

(크라운 1개 - 1000원)

정답

❷ 받아올림이 한 번 있는 덧셈
P 40~43

1 받아올림이 있는 (두 자리 수)+(한 자리 수)(1)

학습 날짜 월 일

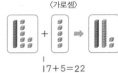

17+5의 계산

(1) 일의 자리 숫자끼리의 합이 10이거나 10보다 크면 10을 십의 자리로 받아올림하여 십의 자리 위에 작게 1로 나타내고, 남은 수는 일의 자리에 내려 씁니다.
(2) 받아올림한 1과 십의 자리 숫자를 더해서 십의 자리에 내려 씁니다.

〈세로셈〉

	1	
	1	7
+		5
	2	2

〈가로셈〉

17+5=22

계산을 하시오. (1~9)

1

	1	
	2	8
+		5
	3	3

2

	3	6
+		8
	4	4

3

	4	5
+		9
	5	4

4

	5	6
+		4
	6	0

5

	8	7
+		8
	9	5

6

	5	8
+		9
	6	7

7

	6	4
+		7
	7	1

8

	6	9
+		3
	7	2

9

	7	4
+		6
	8	0

계산은 빠르고 정확하게!

걸린 시간	1~5분	5~8분	8~10분
맞은 개수	22~24개	17~21개	1~16개
평가	참 잘했어요.	잘했어요.	좀더 노력해요.

계산을 하시오. (10~24)

10

	2	7
+		8
	3	5

11

	3	8
+		4
	4	2

12

	5	6
+		7
	6	3

13

	3	6
+		6
	4	2

14

	4	5
+		8
	5	3

15

	6	8
+		9
	7	7

16

	6	3
+		7
	7	0

17

	7	6
+		9
	8	5

18

	8	5
+		7
	9	2

19

		8
+	4	6
	5	4

20

		7
+	7	6
	8	3

21

		9
+	3	5
	4	4

22

		8
+	6	5
	7	3

23

		8
+	7	8
	8	6

24

		7
+	8	9
	9	6

1 받아올림이 있는 (두 자리 수)+(한 자리 수)(2)

학습 날짜 월 일

빈 곳에 알맞은 수를 써넣으시오. (1~5)

1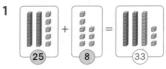
➡ 25+8= 33

2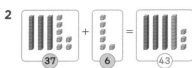
➡ 37+6= 43

3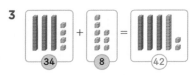
➡ 34+8= 42

4
➡ 45+9= 54

5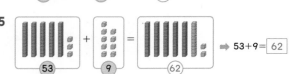
➡ 53+9= 62

계산은 빠르고 정확하게!

걸린 시간	1~4분	4~6분	6~8분
맞은 개수	14~15개	11~13개	1~10개
평가	참 잘했어요.	잘했어요.	좀더 노력해요.

가로셈을 세로셈을 이용하여 계산해 보시오. (6~15)

6 48+5= 53

	4	8
+		5
	5	3

7 78+7= 85

	7	8
+		7
	8	5

8 82+8= 90

	8	2
+		8
	9	0

9 78+9= 87

	7	8
+		9
	8	7

10 67+8= 75

	6	7
+		8
	7	5

11 77+9= 86

	7	7
+		9
	8	6

12 84+9= 93

	8	4
+		9
	9	3

13 44+7= 51

	4	4
+		7
	5	1

14 54+8= 62

	5	4
+		8
	6	2

15 79+5= 84

	7	9
+		5
	8	4

1 받아올림이 있는
(두 자리 수)+(한 자리 수) (3)

학습 날짜
월   일

계산은 빠르고 정확하게!

걸린 시간	1~4분	4~6분	6~8분
맞은 개수	15~16개	12~14개	1~11개
평가	참 잘했어요.	잘했어요.	좀더 노력해요.

⏰ 두 자리 수를 몇십으로 바꾸어 계산하려고 합니다. □ 안에 알맞은 수를 써넣으시오. (1~8)

1 64+8=70+2= 72
  6 2

2 59+7= 60 +6= 66
  1 6

3 76+7=80+ 3 = 83
  4 3

4 85+9= 90 +4= 94
  5 4

5 38+5=40+ 3 = 43
  2 3

6 47+8= 50 +5= 55
  3 5

7 5+69= 4 +70= 74
  4 1

8 9+73=2+ 80 = 82
  2 7

⏰ 두 자리 수를 몇십으로 바꾸어 계산하려고 합니다. □ 안에 알맞은 수를 써넣으시오. (9~16)

9 76+8= 80 + 4 = 84
  4 4

10 8+45= 3 + 50 = 53
  3 5

11 72+9= 80 + 1 = 81
  8 1

12 7+55= 2 + 60 = 62
  2 5

13 68+8= 70 + 6 = 76
  2 6

14 7+84= 1 + 90 = 91
  1 6

15 88+7= 90 + 5 = 95
  2 5

16 8+56= 4 + 60 = 64
  4 4

1 받아올림이 있는
(두 자리 수)+(한 자리 수) (4)

학습 날짜
월   일

계산은 빠르고 정확하게!

걸린 시간	1~8분	8~12분	12~16분
맞은 개수	28~31개	22~27개	1~21개
평가	참 잘했어요.	잘했어요.	좀더 노력해요.

⏰ 계산을 하시오. (1~15)

1
```
  1 3
+   8
-----
  2 1
```

2
```
  2 4
+   9
-----
  3 3
```

3
```
  3 5
+   7
-----
  4 2
```

4
```
  4 6
+   7
-----
  5 3
```

5
```
  5 7
+   8
-----
  6 5
```

6
```
  6 8
+   9
-----
  7 7
```

7
```
  7 5
+   8
-----
  8 3
```

8
```
  8 3
+   7
-----
  9 0
```

9
```
  8 8
+   8
-----
  9 6
```

10
```
    7
+ 2 5
-----
  3 2
```

11
```
    6
+ 4 6
-----
  5 2
```

12
```
    8
+ 3 4
-----
  4 2
```

13
```
    5
+ 3 9
-----
  4 4
```

14
```
    8
+ 5 3
-----
  6 1
```

15
```
    9
+ 6 7
-----
  7 6
```

⏰ 계산을 하시오. (16~31)

16 25+7= 32

17 5+46= 51

18 36+8= 44

19 8+53= 61

20 47+9= 56

21 9+66= 75

22 58+4= 62

23 7+86= 93

24 69+5= 74

25 6+74= 80

26 77+7= 84

27 4+88= 92

28 86+9= 95

29 8+65= 73

30 75+8= 83

31 9+74= 83

1 받아올림이 있는 (두 자리 수)+(한 자리 수)(5)

 월 일

계산은 빠르고 정확하게!

걸린 시간	1~8분	8~12분	12~16분
맞은 개수	17~18개	13~16개	1~12개
평가	참 잘했어요.	잘했어요.	좀더 노력해요.

□ 안에 알맞은 수를 써넣으시오. (1~10)

1. 27 +4 → 31
2. 38 +6 → 44
3. 44 +9 → 53
4. 56 +7 → 63
5. 65 +7 → 72
6. 73 +9 → 82
7. 89 +7 → 96
8. 68 +5 → 73
9. 74 +7 → 81
10. 88 +8 → 96

빈 곳에 알맞은 수를 써넣으시오. (11~18)

11

+		
7	16	23
27	5	32
34	21	

12

+		
8	36	44
47	4	51
55	40	

13

+		
44	8	52
7	55	62
51	63	

14

+		
55	7	62
6	66	72
61	73	

15

+		
9	77	86
58	6	64
67	83	

16

+		
5	46	51
65	8	73
70	54	

17

+		
63	9	72
7	84	91
70	93	

18

+		
85	8	93
6	79	85
91	87	

2 받아올림이 있는 (세 자리 수)+(한 자리 수)(1)

 월 일

계산은 빠르고 정확하게!

걸린 시간	1~5분	5~8분	8~10분
맞은 개수	22~24개	17~21개	1~16개
평가	참 잘했어요.	잘했어요.	좀더 노력해요.

※ 238+4의 계산
(1) 일의 자리 숫자끼리의 합이 10이거나 10보다 크면 10을 십의 자리로 받아올림하여 십의 자리 위에 작게 1로 나타내고, 남은 수는 일의 자리에 내려 씁니다.
(2) 받아올림한 1과 십의 자리 숫자를 더해서 십의 자리에 내려 씁니다.
(3) 백의 자리 숫자를 백의 자리에 내려 씁니다.

〈세로셈〉
```
  2 3 8
+     4
  2 4 2
```

〈가로셈〉
2 3 8 + 4 = 2 4 2

계산을 하시오. (1~9)

1.
```
  1 8 4
+     8
  1 9 2
```
2.
```
  6 4 7
+     6
  6 5 3
```
3.
```
  5 6 8
+     6
  5 7 4
```
4.
```
  3 2 8
+     8
  3 3 6
```
5.
```
  4 5 8
+     7
  4 6 5
```
6.
```
  5 7 5
+     6
  5 8 1
```
7.
```
  3 8 9
+     8
  3 9 7
```
8.
```
  8 7 9
+     9
  8 8 8
```
9.
```
  7 5 8
+     6
  7 6 4
```

계산을 하시오. (10~24)

10.
```
  1 4 7
+     9
  1 5 6
```
11.
```
  2 6 8
+     7
  2 7 5
```
12.
```
  3 8 6
+     6
  3 9 2
```
13.
```
  4 7 5
+     8
  4 8 3
```
14.
```
  5 8 6
+     7
  5 9 3
```
15.
```
  6 3 7
+     8
  6 4 5
```
16.
```
  7 4 8
+     4
  7 5 2
```
17.
```
  8 6 3
+     9
  8 7 2
```
18.
```
  9 1 9
+     9
  9 2 8
```
19.
```
  3 5 7
+     7
  3 6 4
```
20.
```
  4 2 9
+     8
  4 3 7
```
21.
```
  5 6 7
+     4
  5 7 1
```
22.
```
  6 8 6
+     9
  6 9 5
```
23.
```
  7 7 7
+     5
  7 8 2
```
24.
```
  8 7 5
+     8
  8 8 3
```

2 받아올림이 있는 (세 자리 수)+(한 자리 수)(2)

월 일

계산은 빠르고 정확하게!

걸린 시간	1~8분	8~12분	12~16분
맞은 개수	30~32개	23~29개	1~22개
평가	참 잘했어요	잘했어요	좀더 노력해요

⏰ 계산을 하시오. (1~16)

1. 157+5=162
2. 274+9=283
3. 327+8=335
4. 468+8=476
5. 576+7=583
6. 639+5=644
7. 748+6=754
8. 837+4=841
9. 927+3=930
10. 383+9=392
11. 417+7=424
12. 559+7=566
13. 675+7=682
14. 747+8=755
15. 853+8=861
16. 945+9=954

⏰ 계산을 하시오. (17~32)

17. 336+6=342
18. 475+8=483
19. 644+7=651
20. 769+8=777
21. 819+4=823
22. 939+7=946
23. 567+3=570
24. 724+8=732
25. 837+5=842
26. 686+8=694
27. 484+8=492
28. 389+9=398
29. 285+6=291
30. 576+9=585
31. 617+8=625
32. 758+9=767

2 받아올림이 있는 (세 자리 수)+(한 자리 수)(3)

월 일

계산은 빠르고 정확하게!

걸린 시간	1~8분	8~12분	12~16분
맞은 개수	28~31개	22~27개	1~21개
평가	참 잘했어요	잘했어요	좀더 노력해요

⏰ 계산을 하시오. (1~15)

1. 345+8=353
2. 429+6=435
3. 538+7=545
4. 643+8=651
5. 776+6=782
6. 854+9=863
7. 237+7=244
8. 356+9=365
9. 478+8=486
10. 535+7=542
11. 646+7=653
12. 768+9=777
13. 848+5=853
14. 937+9=946
15. 689+5=694

⏰ 계산을 하시오. (16~31)

16. 185+7=192
17. 276+8=284
18. 367+9=376
19. 468+4=472
20. 579+5=584
21. 685+8=693
22. 764+9=773
23. 825+5=830
24. 333+8=341
25. 424+7=431
26. 515+8=523
27. 658+9=667
28. 727+3=730
29. 856+7=863
30. 674+8=682
31. 586+6=592

B-1 **13**

2 받아올림이 있는 (세 자리 수)+(한 자리 수)(4)

월 일

계산은 빠르고 정확하게!

걸린 시간	1~5분	5~8분	8~10분
맞은 개수	18~20개	14~17개	1~13개
평가	참 잘했어요.	잘했어요.	좀더 노력해요.

빈 곳에 알맞은 수를 써넣으시오. (1~10)

1 +3 129 → 132

2 +5 148 → 153

3 +7 236 → 243

4 +7 327 → 334

5 +5 279 → 284

6 +8 358 → 366

7 +8 476 → 484

8 +6 434 → 440

9 +4 568 → 572

10 +8 686 → 694

빈 곳에 알맞은 수를 써넣으시오. (11~20)

11 +4 739 → 743

12 +8 757 → 765

13 +9 563 → 572

14 +7 484 → 491

15 +6 678 → 684

16 +5 639 → 644

17 +7 589 → 596

18 +8 628 → 636

19 +2 738 → 740

20 +9 555 → 564

3 일의 자리에서 받아올림이 있는 (두 자리 수)+(두 자리 수)(1)

월 일

계산은 빠르고 정확하게!

걸린 시간	1~5분	5~8분	8~10분
맞은 개수	22~24개	17~21개	1~16개
평가	참 잘했어요.	잘했어요.	좀더 노력해요.

✿ 36+25의 계산

(1) 일의 자리 숫자끼리의 합이 10이거나 10보다 크면 10을 십의 자리로 받아올림하여 십의 자리 위에 작게 1로 나타내고, 남은 수는 일의 자리에 내려 씁니다.

(2) 받아올림한 1과 십의 자리 숫자를 더해서 십의 자리에 내려 씁니다.

〈세로셈〉
```
  3 6
+ 2 5
  6 1
```

〈가로셈〉
$36 + 25 = 61$

계산을 하시오. (1~9)

1
```
  2 4
+ 6 9
  9 3
```

2
```
  3 5
+ 2 8
  6 3
```

3
```
  4 5
+ 2 7
  7 2
```

4
```
  3 4
+ 3 8
  7 2
```

5
```
  5 8
+ 3 8
  9 6
```

6
```
  4 8
+ 3 5
  8 3
```

7
```
  2 8
+ 5 3
  8 1
```

8
```
  4 4
+ 3 7
  8 1
```

9
```
  3 8
+ 4 5
  8 3
```

계산을 하시오. (10~24)

10
```
  2 7
+ 3 6
  6 3
```

11
```
  3 8
+ 4 6
  8 4
```

12
```
  3 9
+ 4 5
  8 4
```

13
```
  2 8
+ 5 7
  8 5
```

14
```
  4 8
+ 1 8
  6 6
```

15
```
  3 3
+ 4 9
  8 2
```

16
```
  7 4
+ 1 7
  9 1
```

17
```
  4 6
+ 2 8
  7 4
```

18
```
  6 5
+ 1 6
  8 1
```

19
```
  2 5
+ 4 8
  7 3
```

20
```
  5 3
+ 1 9
  7 2
```

21
```
  6 6
+ 1 7
  8 3
```

22
```
  5 4
+ 2 6
  8 0
```

23
```
  5 8
+ 2 9
  8 7
```

24
```
  2 5
+ 3 7
  6 2
```

3 일의 자리에서 받아올림이 있는
(두 자리 수)+(두 자리 수)(2)

월　일

 계산은 빠르고 정확하게!

걸린 시간	1~8분	8~12분	12~16분
맞은 개수	29~32개	23~28개	1~22개
평가	참 잘했어요	잘했어요	좀더 노력해요

⏰ 계산을 하시오. (1~16)

1 24 + 38 = 62　　**2** 19 + 35 = 54

3 34 + 17 = 51　　**4** 46 + 19 = 65

5 55 + 29 = 84　　**6** 48 + 16 = 64

7 57 + 23 = 80　　**8** 19 + 27 = 46

9 28 + 33 = 61　　**10** 35 + 28 = 63

11 16 + 57 = 73　　**12** 29 + 14 = 43

13 37 + 17 = 54　　**14** 56 + 29 = 85

15 39 + 18 = 57　　**16** 26 + 48 = 74

⏰ 계산을 하시오. (17~32)

17 44 + 36 = 80　　**18** 55 + 28 = 83

19 67 + 15 = 82　　**20** 43 + 29 = 72

21 76 + 17 = 93　　**22** 38 + 24 = 62

23 19 + 35 = 54　　**24** 24 + 26 = 50

25 37 + 19 = 56　　**26** 67 + 23 = 90

27 57 + 24 = 81　　**28** 39 + 45 = 84

29 66 + 29 = 95　　**30** 47 + 47 = 94

31 39 + 39 = 78　　**32** 56 + 28 = 84

---

 3 일의 자리에서 받아올림이 있는
(두 자리 수)+(두 자리 수)(3)

월　일

 계산은 빠르고 정확하게!

걸린 시간	1~8분	8~12분	12~16분
맞은 개수	28~31개	22~27개	1~21개
평가	참 잘했어요	잘했어요	좀더 노력해요

⏰ 계산을 하시오. (1~15)

1　23
　　+ 28
　　 51

2　36
　　+ 45
　　 81

3　52
　　+ 28
　　 80

4　19
　　+ 29
　　 48

5　35
　　+ 48
　　 83

6　53
　　+ 29
　　 82

7　27
　　+ 56
　　 83

8　16
　　+ 46
　　 62

9　33
　　+ 47
　　 80

10　47
　　+ 37
　　 84

11　68
　　+ 15
　　 83

12　66
　　+ 28
　　 94

13　58
　　+ 29
　　 87

14　45
　　+ 27
　　 72

15　54
　　+ 19
　　 73

⏰ 계산을 하시오. (16~31)

16 36+47= 83　　**17** 54+16= 70

18 28+36= 64　　**19** 44+38= 82

20 53+28= 81　　**21** 17+35= 52

22 46+29= 75　　**23** 27+37= 64

24 55+17= 72　　**25** 29+37= 66

26 39+45= 84　　**27** 54+29= 83

28 18+36= 54　　**29** 47+38= 85

30 28+38= 66　　**31** 56+39= 95

3 일의 자리에서 받아올림이 있는 (두 자리 수)+(두 자리 수)(4)

학습 날짜 월 일

계산은 빠르고 정확하게!

걸린 시간	1~5분	5~8분	8~10분
맞은 개수	18~20개	14~17개	1~13개
평가	참 잘했어요	잘했어요	좀더 노력해요

□ 안에 알맞은 수를 써넣으시오. (1~10)

1 12 +59 71

2 44 +46 90

3 24 +37 61

4 55 +36 91

5 27 +54 81

6 57 +19 76

7 23 +48 71

8 34 +29 63

9 35 +38 73

10 42 +39 81

□ 안에 알맞은 수를 써넣으시오. (11~20)

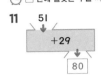
11 51 +29 80

12 65 +16 81

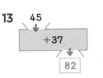
13 45 +37 82

14 38 +46 84

15 29 +45 74

16 46 +48 94

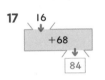
17 16 +68 84

18 25 +58 83

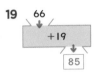
19 66 +19 85

20 27 +29 56

4 십의 자리에서 받아올림이 있는 (두 자리 수)+(두 자리 수)(1)

학습 날짜 월 일

계산은 빠르고 정확하게!

걸린 시간	1~5분	5~8분	8~10분
맞은 개수	22~24개	17~21개	1~16개
평가	참 잘했어요	잘했어요	좀더 노력해요

☆ 85+43의 계산

(1) 십의 자리 숫자끼리의 합이 10이거나 10보다 크면 10을 백의 자리로 받아올림하여 백의 자리 위에 작게 1로 나타내고, 남은 수는 십의 자리에 내려 씁니다.

(2) 받아올림한 1은 백의 자리에 씁니다.

〈세로셈〉
```
  1
    8 5
+   4 3
1   2 8
```

〈가로셈〉
8 5 + 4 3 = 1 2 8

5+3=8
8+4=12

계산을 하시오. (1~9)

1
```
    6 3
+   5 0
1 1 3
```

2
```
    3 3
+   9 4
1 2 7
```

3
```
    5 8
+   8 0
1 3 8
```

4
```
    5 6
+   9 2
1 4 8
```

5
```
    4 3
+   7 2
1 1 5
```

6
```
    8 6
+   7 3
1 5 9
```

7
```
    6 4
+   8 2
1 4 6
```

8
```
    5 6
+   7 2
1 2 8
```

9
```
    6 3
+   6 3
1 2 6
```

계산을 하시오. (10~24)

10
```
    2 2
+   9 5
1 1 7
```

11
```
    6 3
+   8 4
1 4 7
```

12
```
    7 4
+   8 5
1 5 9
```

13
```
    4 6
+   8 3
1 2 9
```

14
```
    5 2
+   6 5
1 1 7
```

15
```
    8 2
+   5 3
1 3 5
```

16
```
    4 3
+   6 3
1 0 6
```

17
```
    6 2
+   7 6
1 3 8
```

18
```
    9 5
+   2 3
1 1 8
```

19
```
    7 2
+   8 4
1 5 6
```

20
```
    8 4
+   8 3
1 6 7
```

21
```
    9 5
+   3 3
1 2 8
```

22
```
    5 7
+   9 1
1 4 8
```

23
```
    9 3
+   9 2
1 8 5
```

24
```
    7 4
+   6 4
1 3 8
```

4 십의 자리에서 받아올림이 있는 (두 자리 수)+(두 자리 수) (2)

계산은 빠르고 정확하게!

걸린 시간	1~8분	8~12분	12~16분
맞은 개수	29~32개	23~28개	1~22개
평가	참 잘했어요.	잘했어요.	좀더 노력해요.

학습 날짜
월   일

⏰ 계산을 하시오. (1 ~ 16)

1 24 + 92 = 116

2 35 + 83 = 118

3 46 + 81 = 127

4 57 + 92 = 149

5 61 + 73 = 134

6 72 + 83 = 155

7 84 + 93 = 177

8 95 + 22 = 117

9 63 + 55 = 118

10 75 + 44 = 119

11 86 + 52 = 138

12 94 + 61 = 155

13 67 + 41 = 108

14 79 + 50 = 129

15 82 + 53 = 135

16 96 + 72 = 168

⏰ 계산을 하시오. (17 ~ 32)

17 42 + 85 = 127

18 53 + 92 = 145

19 64 + 71 = 135

20 75 + 73 = 148

21 83 + 64 = 147

22 91 + 85 = 176

23 34 + 72 = 106

24 45 + 84 = 129

25 56 + 92 = 148

26 67 + 62 = 129

27 78 + 81 = 159

28 89 + 40 = 129

29 65 + 72 = 137

30 54 + 65 = 119

31 87 + 81 = 168

32 92 + 93 = 185

4 십의 자리에서 받아올림이 있는 (두 자리 수)+(두 자리 수) (3)

계산은 빠르고 정확하게!

걸린 시간	1~8분	8~12분	12~16분
맞은 개수	28~31개	21~27개	1~20개
평가	참 잘했어요.	잘했어요.	좀더 노력해요.

학습 날짜
월   일

⏰ 계산을 하시오. (1 ~ 15)

1　　57
　　+ 70
　　127

2　　73
　　+ 86
　　159

3　　64
　　+ 85
　　149

4　　46
　　+ 73
　　119

5　　82
　　+ 76
　　158

6　　94
　　+ 52
　　146

7　　77
　　+ 71
　　148

8　　88
　　+ 70
　　158

9　　95
　　+ 63
　　158

10　　63
　　+ 76
　　139

11　　58
　　+ 81
　　139

12　　83
　　+ 84
　　167

13　　77
　　+ 82
　　159

14　　93
　　+ 85
　　178

15　　92
　　+ 97
　　189

⏰ 계산을 하시오. (16 ~ 31)

16 59+60= 119

17 72+85= 157

18 63+85= 148

19 45+72= 117

20 81+75= 156

21 93+51= 144

22 76+72= 148

23 87+72= 159

24 94+64= 158

25 62+75= 137

26 57+80= 137

27 82+83= 165

28 76+81= 157

29 92+86= 178

30 91+96= 187

31 73+95= 168

4 십의 자리에서 받아올림이 있는 (두 자리 수)+(두 자리 수)(4)

□ 안에 알맞은 수를 써넣으시오. (1 ~ 10)

1
26
+83
109

2
37
+91
128

3
44
+82
126

4
53
+92
145

5
61
+74
135

6
72
+54
126

7
75
+83
158

8
80
+96
176

9
86
+82
168

10
95
+94
189

계산은 빠르고 정확하게!

걸린 시간	1~5분	5~8분	8~10분
맞은 개수	18~20개	14~17개	1~13개
평가	참 잘했어요.	잘했어요.	좀더 노력해요.

빈 곳에 알맞은 수를 써넣으시오. (11 ~ 20)

11 63 +72 135

12 57 +81 138

13 73 +85 158

14 84 +92 176

15 92 +96 188

16 86 +32 118

17 75 +41 116

18 65 +62 127

19 81 +77 158

20 85 +53 138

5 신기한 연산

덧셈식이 성립하도록 □ 안에 알맞은 수를 써넣으시오. (1 ~ 15)

1
2 [9]
+ 4 7
7 6

2
3 8
+ 5 4
[9] 2

3
4 7
+ 2 8
7 5

4
2 4
+ 6 6
9 0

5
5 6
+ 2 7
8 3

6
6 4
+ 1 9
8 3

7
4 4
+ 2 8
7 2

8
4 6
+ 3 9
8 5

9
2 7
+ 4 7
7 4

10
3 8
+ 2 8
6 6

11
4 6
+ 3 7
8 3

12
5 9
+ 1 2
7 1

13
2 7
+ 3 8
6 5

14
2 4
+ 4 9
7 3

15
5 8
+ 2 9
8 7

계산은 빠르고 정확하게!

걸린 시간	1~10분	10~12분	12~15분
맞은 개수	27~30개	21~26개	1~20개
평가	참 잘했어요.	잘했어요.	좀더 노력해요.

덧셈식이 성립하도록 □ 안에 알맞은 수를 써넣으시오. (16 ~ 30)

16
8 3
+ 5 4
1 3 7

17
6 4
+ 9 4
1 5 8

18
7 5
+ 9 3
1 6 8

19
5 4
+ 8 2
1 3 6

20
4 5
+ 8 3
1 2 8

21
7 2
+ 7 7
1 4 9

22
9 7
+ 5 2
1 4 9

23
9 8
+ 6 1
1 5 9

24
6 9
+ 7 0
1 3 9

25
6 3
+ 8 3
1 4 6

26
7 3
+ 9 4
1 6 7

27
8 2
+ 7 5
1 5 7

28
6 6
+ 7 3
1 3 9

29
4 5
+ 8 2
1 2 7

30
9 4
+ 9 4
1 8 8

확인 평가

걸린 시간	1~15분	15~20분	20~25분
맞은 개수	37~41개	29~36개	1~28개
평가	참 잘했어요.	잘했어요.	좀더 노력해요.

⏰ 계산을 하시오. (1~15)

1
```
  3 6
+   8
─────
  4 4
```

2
```
  5 7
+   9
─────
  6 6
```

3
```
  6 4
+   7
─────
  7 1
```

4
```
  2 4 7
+     8
───────
  2 5 5
```

5
```
  3 5 9
+     3
───────
  3 6 2
```

6
```
  5 7 7
+     6
───────
  5 8 3
```

7
```
  4 5 4
+     8
───────
  4 6 2
```

8
```
  6 8 3
+     9
───────
  6 9 2
```

9
```
  7 8 5
+     8
───────
  7 9 3
```

10
```
  5 9
+ 2 6
─────
  8 5
```

11
```
  3 6
+ 3 6
─────
  7 2
```

12
```
  4 5
+ 2 9
─────
  7 4
```

13
```
  8 3
+ 7 5
─────
1 5 8
```

14
```
  7 4
+ 8 1
─────
1 5 5
```

15
```
  9 3
+ 8 4
─────
1 7 7
```

⏰ 계산을 하시오. (16~31)

16 47+6= 53

17 77+9= 86

18 58+8= 66

19 64+7= 71

20 135+9= 144

21 154+8= 162

22 346+6= 352

23 459+7= 466

24 27+36= 63

25 38+49= 87

26 39+54= 93

27 42+48= 90

28 75+83= 158

29 86+61= 147

30 66+73= 139

31 93+54= 147

 확인 평가

⏰ □안에 알맞은 수를 써넣으시오. (32~37)

32
38 → +7 → 45

33
8 → +56 → 64

34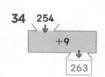
254 → +9 → 263

35
6 → +369 → 375

36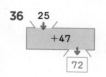
25 → +47 → 72

37
82 → +95 → 177

⏰ 빈 곳에 알맞은 수를 써넣으시오. (38~41)

38
47 → (+6) → 53

39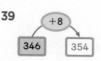
346 → (+8) → 354

40
33 → (+49) → 82

41
73 → (+65) → 138

👑 **크라운 온라인 평가 응시 방법**

에듀왕닷컴 접속 www.eduwang.com
⌄
메인 상단 메뉴에서 단원평가 클릭
⌄
단계 및 단원 선택
⌄
온라인 단원평가 실시(30분 동안 평가 실시)
⌄
크라운 확인

🐰 각 단원평가를 통해 100점을 받으시면 크라운 1개를 드리며, 획득하신 크라운으로 에듀왕 닷컴에서 판매하고 있는 교재 및 서비스를 무료로 구매하실 수 있습니다.

(크라운 1개 – 1000원)

❸ 받아올림이 두 번 있는 덧셈 P 80~83

📖 93+8의 계산

(1) 일의 자리 숫자끼리의 합이 10이거나 10보다 크면 10을 십의 자리로 받아올림하여 십의 자리 위에 작게 1로 나타내고, 남은 수는 일의 자리에 씁니다.

(2) 받아올림한 1과 십의 자리 숫자를 더해서 10이 되면 백의 자리로 받아올림하여 백의 자리에 1을 쓰고, 십의 자리에 0을 씁니다.

〈세로셈〉

```
    9 3
 +    8
 1 0 1
```

〈가로셈〉

9 3 + 8 = 1 0 1

⏰ 계산을 하시오. (1~9)

1
```
    9 2
 +    9
 1 0 1
```

2
```
    9 4
 +    8
 1 0 2
```

3
```
    9 4
 +    9
 1 0 3
```

4
```
    9 5
 +    8
 1 0 3
```

5
```
    9 6
 +    4
 1 0 0
```

6
```
    9 7
 +    6
 1 0 3
```

7
```
    9 8
 +    9
 1 0 7
```

8
```
    9 9
 +    9
 1 0 8
```

9
```
    9 7
 +    8
 1 0 5
```

계산은 빠르고 정확하게!

걸린 시간	1~5분	5~8분	8~10분
맞은 개수	23~25개	18~22개	1~17개
평가	참 잘했어요.	잘했어요.	좀더 노력해요.

⏰ 계산을 하시오. (10~25)

10 9 8 + 6 = 1 0 4

11 9 7 + 6 = 1 0 3

12 9 9 + 8 = 1 0 7

13 9 6 + 8 = 1 0 4

14 9 5 + 5 = 1 0 0

15 9 8 + 7 = 1 0 5

16 9 7 + 7 = 1 0 4

17 9 9 + 6 = 1 0 5

18 9 6 + 6 = 1 0 2

19 9 5 + 7 = 1 0 2

20 9 8 + 9 = 1 0 7

21 9 4 + 6 = 1 0 0

22 9 9 + 5 = 1 0 4

23 9 6 + 5 = 1 0 1

24 9 5 + 9 = 1 0 4

25 9 8 + 4 = 1 0 2

⏰ 계산을 하시오. (1~15)

1
```
    9 3
 +    9
 1 0 2
```

2
```
    9 4
 +    7
 1 0 1
```

3
```
    9 5
 +    8
 1 0 3
```

4
```
    9 6
 +    6
 1 0 2
```

5
```
    9 7
 +    8
 1 0 5
```

6
```
    9 8
 +    9
 1 0 7
```

7
```
    9 9
 +    7
 1 0 6
```

8
```
    9 4
 +    8
 1 0 2
```

9
```
    9 5
 +    9
 1 0 4
```

10
```
    9 6
 +    7
 1 0 3
```

11
```
    9 7
 +    5
 1 0 2
```

12
```
    9 8
 +    6
 1 0 4
```

13
```
    9 7
 +    9
 1 0 6
```

14
```
    9 8
 +    7
 1 0 5
```

15
```
    9 9
 +    8
 1 0 7
```

계산은 빠르고 정확하게!

걸린 시간	1~6분	6~9분	9~12분
맞은 개수	28~31개	22~27개	1~21개
평가	참 잘했어요.	잘했어요.	좀더 노력해요.

⏰ 계산을 하시오. (16~31)

16 94+9= 103

17 95+7= 102

18 96+8= 104

19 97+6= 103

20 98+7= 105

21 99+5= 104

22 93+9= 102

23 94+7= 101

24 94+6= 100

25 97+4= 101

26 98+8= 106

27 99+9= 108

28 95+9= 104

29 94+8= 102

30 93+7= 100

31 97+7= 104

1 받아올림이 두 번 있는 (두 자리 수)+(한 자리 수)(3)

학습 날짜 월 일

계산은 빠르고 정확하게!

걸린 시간	1~5분	5~8분	8~10분
맞은 개수	18~20개	14~17개	1~13개
평가	참 잘했어요.	잘했어요.	좀더 노력해요.

□ 안에 알맞은 수를 써넣으시오. (1~10)

1 95 +5 100

2 96 +9 105

3 98 +3 101

4 99 +4 103

5 94 +9 103

6 97 +8 105

7 93 +8 101

8 95 +8 103

9 96 +7 103

10 97 +9 106

빈 곳에 알맞은 수를 써넣으시오. (11~20)

11 94 +7 101

12 95 +6 101

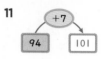 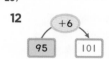

13 97 +5 102

14 98 +7 105

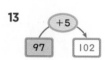 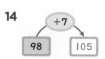

15 99 +8 107

16 93 +7 100

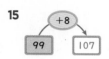 

17 94 +8 102

18 95 +9 104

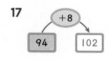 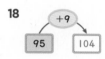

19 96 +8 104

20 97 +7 104

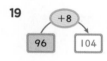 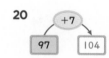

2 받아올림이 두 번 있는 (세 자리 수)+(한 자리 수)(1)

학습 날짜 월 일

계산은 빠르고 정확하게!

걸린 시간	1~5분	5~8분	8~10분
맞은 개수	23~25개	18~22개	1~17개
평가	참 잘했어요.	잘했어요.	좀더 노력해요.

★ 193+8의 계산

(1) 일의 자리 숫자끼리의 합이 10이거나 10보다 크면 10을 십의 자리로 받아올림하여 십의 자리 위에 작게 1로 나타내고, 남은 수는 일의 자리에 씁니다.

(2) 받아올림한 1과 십의 자리 숫자를 더해서 10이 되면 백의 자리로 받아올림하여 백의 자리 위에 작게 1로 나타내고 십의 자리에 0을 씁니다.

(3) 받아올림한 1과 백의 자리 숫자를 더해서 백의 자리에 씁니다.

〈세로셈〉
```
    1 9 3
  +     8
    2 0 1
```

〈가로셈〉
193+8=201

계산을 하시오. (1~9)

1
```
  2 9 4
+     6
  3 0 0
```

2
```
  1 9 8
+     7
  2 0 5
```

3
```
  3 9 6
+     8
  4 0 4
```

4
```
  4 9 3
+     9
  5 0 2
```

5
```
  5 9 7
+     8
  6 0 5
```

6
```
  4 9 7
+     7
  5 0 4
```

7
```
  6 9 5
+     6
  7 0 1
```

8
```
  7 9 2
+     9
  8 0 1
```

9
```
  8 9 9
+     9
  9 0 8
```

계산을 하시오. (10~25)

10 193+8=201
11 294+9=303
12 395+7=402
13 496+8=504
14 597+4=601
15 698+5=703
16 799+6=805
17 894+7=901
18 198+8=206
19 297+5=302
20 396+9=405
21 495+6=501
22 597+6=603
23 698+7=705
24 797+9=806
25 898+9=907

2 받아올림이 두 번 있는 (세 자리 수)+(한 자리 수)(2)

월 일

계산은 빠르고 정확하게!

걸린 시간	1~6분	6~9분	9~12분
맞은 개수	28~31개	22~27개	1~21개
평가	참 잘했어요.	잘했어요.	좀더 노력해요.

🕐 계산을 하시오. (1~15)

1
```
  1 9 7
+     5
-------
  2 0 2
```

2
```
  2 9 8
+     6
-------
  3 0 4
```

3
```
  3 9 9
+     7
-------
  4 0 6
```

4
```
  4 9 5
+     8
-------
  5 0 3
```

5
```
  5 9 6
+     9
-------
  6 0 5
```

6
```
  6 9 7
+     6
-------
  7 0 3
```

7
```
  7 9 8
+     6
-------
  8 0 4
```

8
```
  8 9 4
+     7
-------
  9 0 1
```

9
```
  4 9 9
+     8
-------
  5 0 7
```

10
```
      4
+ 5 9 6
-------
  6 0 0
```

11
```
      5
+ 6 9 7
-------
  7 0 2
```

12
```
      6
+ 7 9 9
-------
  8 0 5
```

13
```
      7
+ 8 9 5
-------
  9 0 2
```

14
```
      8
+ 7 9 4
-------
  8 0 2
```

15
```
      9
+ 8 9 7
-------
  9 0 6
```

🕐 계산을 하시오. (16~31)

16 193+9= 202

17 294+8= 302

18 395+5= 400

19 496+6= 502

20 597+7= 604

21 698+8= 706

22 799+9= 808

23 898+9= 907

24 4+396= 400

25 5+497= 502

26 6+597= 603

27 7+698= 705

28 8+798= 806

29 9+899= 908

30 3+197= 200

31 6+795= 801

2 받아올림이 두 번 있는 (세 자리 수)+(한 자리 수)(3)

월 일

계산은 빠르고 정확하게!

걸린 시간	1~5분	5~8분	8~10분
맞은 개수	18~20개	14~17개	1~13개
평가	참 잘했어요.	잘했어요.	좀더 노력해요.

🕐 □ 안에 알맞은 수를 써넣으시오. (1~10)

1
196
+5
201

2
295
+9
304

3
394
+8
402

4
497
+8
505

5
599
+6
605

6
698
+8
706

7
6
+794
800

8
7
+396
403

9
8
+499
507

10
9
+697
706

🕐 빈 곳에 알맞은 수를 써넣으시오. (11~20)

11 195 →(+5)→ 200

12 296 →(+7)→ 303

13 397 →(+8)→ 405

14 498 →(+9)→ 507

15 599 →(+7)→ 606

16 694 →(+8)→ 702

17 9 →(+194)→ 203

18 8 →(+295)→ 303

19 7 →(+396)→ 403

20 6 →(+497)→ 503

3 받아올림이 두 번 있는 (두 자리 수)+(두 자리 수)(1)

 월 일

 계산은 빠르고 정확하게!

걸린 시간	1~5분	5~8분	8~10분
맞은 개수	22~24개	17~21개	1~16개
평가	참 잘했어요.	잘했어요.	좀더 노력해요.

85+67의 계산

(1) 일의 자리 숫자끼리의 합이 10이거나 10보다 크면 10을 십의 자리로 받아올림하여 십의 자리 위에 작게 1로 나타내고, 남은 수는 일의 자리에 씁니다.

(2) 받아올림한 1과 십의 자리 숫자의 합이 10이거나 10보다 크면 10을 백의 자리로 받아올림하여 백의 자리에 1을 쓰고, 남은 수는 십의 자리에 씁니다.

〈세로셈〉

```
  8 5
+ 6 7
1 5 2
```

〈가로셈〉

$85+67=152$

계산을 하시오. (1~9)

1	2	3
84+58=142	39+85=124	68+46=114

4	5	6
88+65=153	75+77=152	68+87=155

7	8	9
57+97=154	86+87=173	88+62=150

계산을 하시오. (10~24)

10	11	12
34+89=123	46+97=143	58+86=144

13	14	15
63+98=161	75+57=132	84+67=151

16	17	18
97+83=180	28+95=123	37+66=103

19	20	21
44+88=132	55+79=134	67+79=146

22	23	24
74+49=123	86+57=143	98+64=162

3 받아올림이 두 번 있는 (두 자리 수)+(두 자리 수)(2)

 월 일

계산은 빠르고 정확하게!

걸린 시간	1~8분	8~12분	12~16분
맞은 개수	29~32개	22~28개	1~21개
평가	참 잘했어요.	잘했어요.	좀더 노력해요.

계산을 하시오. (1~16)

1 $36+64=100$ 2 $75+57=132$

3 $54+98=152$ 4 $63+79=142$

5 $77+88=165$ 6 $86+75=161$

7 $44+98=142$ 8 $96+84=180$

9 $56+89=145$ 10 $74+67=141$

11 $85+88=173$ 12 $94+59=153$

13 $68+77=145$ 14 $73+29=102$

15 $59+89=148$ 16 $67+95=162$

계산을 하시오. (17~32)

17 $37+75=112$ 18 $76+68=144$

19 $55+88=143$ 20 $64+66=130$

21 $78+89=167$ 22 $87+94=181$

23 $45+87=132$ 24 $97+94=191$

25 $57+79=136$ 26 $75+78=153$

27 $86+89=175$ 28 $95+65=160$

29 $69+78=147$ 30 $74+28=102$

31 $66+99=165$ 32 $99+98=197$

 3 받아올림이 두 번 있는
(두 자리 수)+(두 자리 수)(3)

학습 날짜
월 일

계산은 빠르고 정확하게!

걸린 시간	1~8분	8~12분	12~16분
맞은 개수	28~31개	22~27개	1~21개
평가	참 잘했어요.	잘했어요.	좀더 노력해요.

계산을 하시오. (1~15)

1
```
    3 8
+   7 5
─────
  1 1 3
```

2
```
    4 9
+   8 6
─────
  1 3 5
```

3
```
    5 7
+   9 5
─────
  1 5 2
```

4
```
    6 3
+   7 7
─────
  1 4 0
```

5
```
    6 4
+   6 8
─────
  1 3 2
```

6
```
    7 5
+   8 9
─────
  1 6 4
```

7
```
    8 6
+   9 9
─────
  1 8 5
```

8
```
    7 8
+   4 8
─────
  1 2 6
```

9
```
    8 9
+   5 9
─────
  1 4 8
```

10
```
    9 8
+   7 5
─────
  1 7 3
```

11
```
    8 7
+   6 4
─────
  1 5 1
```

12
```
    7 7
+   5 3
─────
  1 3 0
```

13
```
    6 5
+   9 9
─────
  1 6 4
```

14
```
    7 6
+   8 8
─────
  1 6 4
```

15
```
    8 7
+   8 4
─────
  1 7 1
```

계산을 하시오. (16~31)

16 23+77= 100

17 34+88= 122

18 45+99= 144

19 56+97= 153

20 67+86= 153

21 78+75= 153

22 89+98= 187

23 97+57= 154

24 79+67= 146

25 88+56= 144

26 46+98= 144

27 57+96= 153

28 68+95= 163

29 79+65= 144

30 69+87= 156

31 87+47= 134

3 받아올림이 두 번 있는
(두 자리 수)+(두 자리 수)(4)

학습 날짜
월 일

계산은 빠르고 정확하게!

걸린 시간	1~5분	5~8분	8~10분
맞은 개수	18~20개	14~17개	1~13개
평가	참 잘했어요.	잘했어요.	좀더 노력해요.

□ 안에 알맞은 수를 써넣으시오. (1~10)

1
26
+75
101

2
87
+57
144

3
48
+78
126

4
59
+96
155

5
64
+86
150

6
75
+89
164

7
83
+78
161

8
97
+88
185

9
79
+81
160

10
86
+76
162

빈 곳에 알맞은 수를 써넣으시오. (11~20)

11
45 (+56) 101

12
67 (+78) 145

13
89 (+93) 182

14
37 (+64) 101

15
48 (+75) 123

16
59 (+86) 145

17
62 (+79) 141

18
73 (+88) 161

19
84 (+96) 180

20
95 (+68) 163

4 여러 가지 방법으로 계산하기 (1)

✿ 84+58의 계산

방법① 84 + 58 = 142
134
142

방법② 84 + 58 = 142
130 12
142

방법③ 84 + 58 = 142
6 52
90
142

방법④ 84 + 58 = 142
82 2
60
142

🕐 □ 안에 알맞은 수를 써넣으시오. (1~4)

1 6 7 + 7 4 = 141
137
141

2 7 8 + 4 7 = 125
118
125

3 5 9 + 4 5 = 104
99
104

4 8 6 + 6 9 = 155
146
155

계산은 빠르고 정확하게!

걸린 시간	1~4분	4~6분	6~8분
맞은 개수	11~12개	8~10개	1~7개
평가	참 잘했어요	잘했어요	좀더 노력해요

🕐 □ 안에 알맞은 수를 써넣으시오. (5~12)

5 37+96
=37+ 90 +6
= 127 +6
= 133

6 48+87
=48+ 80 +7
= 128 +7
= 135

7 73+47
=73+ 40 +7
= 113 +7
= 120

8 85+58
=85+ 50 +8
= 135 +8
= 143

9 54+98
=54+90+ 8
= 144 + 8
= 152

10 63+87
=63+80+ 7
= 143 + 7
= 150

11 86+69
=86+60+ 9
= 146 + 9
= 155

12 98+76
=98+70+ 6
= 168 + 6
= 174

---

 4 여러 가지 방법으로 계산하기 (2)

🕐 □ 안에 알맞은 수를 써넣으시오. (1~8)

1 5 6 + 7 4 = 130
120 10
130
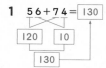

2 6 7 + 7 5 = 142
130 12
142
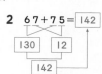

3 7 8 + 8 8 = 166
150 16
166
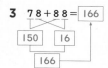

4 8 6 + 5 9 = 145
130 15
145
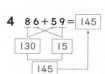

5 9 3 + 6 8 = 161
150 11
161
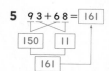

6 6 4 + 7 6 = 140
130 10
140
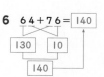

7 8 7 + 6 9 = 156
140 16
156
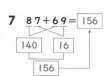

8 9 9 + 7 5 = 174
160 14
174
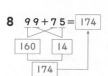

계산은 빠르고 정확하게!

걸린 시간	1~5분	5~8분	8~10분
맞은 개수	15~16개	12~14개	1~11개
평가	참 잘했어요	잘했어요	좀더 노력해요

🕐 □ 안에 알맞은 수를 써넣으시오. (9~16)

9 57+75
=50+70+ 7 +5
= 120 +12
= 132

10 63+88
=60+ 80 +3+8
= 140 +11
= 151

11 75+68
= 70 +60+5+8
= 130 + 13
= 143

12 84+79
=80+ 70 +4+9
= 150 + 13
= 163

13 96+67
= 90 +60+6+7
= 150 + 13
= 163

14 48+57
=40+50+8+ 7
= 90 + 15
= 105

15 39+98
=30+90+ 9 +8
= 120 + 17
= 137

16 68+83
=60+ 80 +8+3
= 140 + 11
= 151

4 여러 가지 방법으로 계산하기 (3)

월 일

계산은 빠르고 정확하게!

걸린 시간	1~5분	5~8분	8~10분
맞은 개수	15~16개	12~14개	1~11개
평가	참 잘했어요.	잘했어요.	좀더 노력해요.

□ 안에 알맞은 수를 써넣으시오. (1~8)

1 27+86= 113
3 83
30
113

2 38+95= 133
2 93
40
133

3 64+78= 142
6 72
70
142

4 77+95= 172
3 92
80
172

5 46+75= 121
4 71
50
121

6 59+75= 134
1 74
60
134

7 85+39= 124
5 34
90
124

8 98+55= 153
2 53
100
153

□ 안에 알맞은 수를 써넣으시오. (9~16)

9 58+64
=58+ 2 +62
= 60 +62
= 122

10 65+79
=65+ 5 +74
= 70 +74
= 144

11 38+96
=38+ 2 +94
= 40 +94
= 134

12 76+84
=76+ 4 +80
= 80 +80
= 160

13 49+55
=49+1+ 54
= 50 + 54
= 104

14 57+86
=57+3+ 83
= 60 + 83
= 143

15 97+88
=95+ 2 +88
=95+ 90
= 185

16 54+87
=51+ 3 +87
=51+ 90
= 141

4 여러 가지 방법으로 계산하기 (4)

월 일

계산은 빠르고 정확하게!

걸린 시간	1~12분	12~16분	16~24분
맞은 개수	11~12개	8~10개	1~7개
평가	참 잘했어요.	잘했어요.	좀더 노력해요.

주어진 식을 두 가지 방법으로 계산하시오. (1~6)

1 〔 57+76 〕
예
방법①
57+76=57+70+6
=127+6=133
방법②
57+76=57+3+73
=60+73=133

2 〔 89+45 〕
예
방법①
89+45=80+40+9+5
=120+14=134
방법②
89+45=89+1+44
=90+44=134

3 〔 78+54 〕
예
방법①
78+54=78+50+4
=128+4=132
방법②
78+54=70+50+8+4
=120+12=132

4 〔 96+34 〕
예
방법①
96+34=96+4+30
=100+30=130
방법②
96+34=90+30+6+4
=120+10=130

5 〔 67+85 〕
예
방법①
67+85=60+80+7+5
=140+12=152
방법②
67+85=67+3+82
=70+82=152

6 〔 59+87 〕
예
방법①
59+87=59+1+86
=60+86=146
방법②
59+87=59+80+7
=139+7=146

주어진 식을 두 가지 방법으로 계산하시오. (7~12)

7 〔 63+78 〕
예
방법①
63+78=60+70+3+8
=130+11=141
방법②
63+78=61+2+78
=61+80=141

8 〔 75+89 〕
예
방법①
75+89=75+80+9
=155+9=164
방법②
75+89=74+1+89
=74+90=164

9 〔 84+57 〕
예
방법①
84+57=80+50+4+7
=130+11=141
방법②
84+57=81+3+57
=81+60=141

10 〔 46+77 〕
예
방법①
46+77=40+70+6+7
=110+13=123
방법②
46+77=43+3+77
=43+80=123

11 〔 32+99 〕
예
방법①
32+99=30+90+2+9
=120+11=131
방법②
32+99=31+1+99
=31+100=131

12 〔 57+68 〕
예
방법①
57+68=57+60+8
=117+8=125
방법②
57+68=55+2+68
=55+70=125

5 신기한 연산

계산은 빠르고 정확하게!

걸린 시간	1~10분	10~15분	15~20분
맞은 개수	18~19개	14~17개	1~13개
평가	참 잘했어요.	잘했어요.	좀더 노력해요.

🕐 덧셈식이 성립하도록 □ 안에 알맞은 수를 써넣으시오. (1~15)

```
1    9 8      2    9 4      3    9 9
   +   9        +   8        +   8
   1 0 7        1 0 2        1 0 7
```

```
4    5 9 6    5    5 9       6    4 9 7
   +     6      +     6        +     7
   6 0 2        6 0 5          5 0 4
```

```
7    5 9 5    8    4 9 8     9    2 9 7
   +     8      +     5        +     4
   6 0 3        5 0 3          3 0 1
```

```
10    7 5    11    3 9      12    5 8
    + 4 7        + 6 5          + 8 4
    1 2 2        1 0 4          1 4 2
```

```
13    6 6    14    7 7      15    7 9
    + 7 9        + 5 5          + 8 2
    1 4 5        1 3 2          1 6 1
```

🕐 다음의 숫자 카드를 사용하여 (두 자리 수)+(두 자리 수)를 만들려고 합니다. 계산 결과가 가장 큰 식과 가장 작은 식을 만들고 그 합을 구하시오. (16~19)

16 3 8 6 7

가장 큰 합	가장 작은 합
예) 8 6 + 7 3 1 5 9	예) 3 7 + 6 8 1 0 5

17 3 5 2 9

가장 큰 합	가장 작은 합
예) 9 3 + 5 2 1 4 5	예) 2 5 + 3 9 6 4

18 3 5 0 9 7

가장 큰 합	가장 작은 합
예) 9 5 + 7 3 1 6 8	예) 3 0 + 5 7 8 7

19 4 6 8 0

가장 큰 합	가장 작은 합
예) 9 6 + 8 4 1 8 0	예) 4 0 + 6 8 1 0 8

확인 평가

걸린 시간	1~12분	12~18분	18~24분
맞은 개수	35~37개	26~34개	1~25개
평가	참 잘했어요.	잘했어요.	좀더 노력해요.

🕐 계산을 하시오. (1~15)

```
1    9 6      2    9 8      3    9 7
   +   7        +   3        +   7
   1 0 3        1 0 1        1 0 4
```

```
4    1 9 5    5    3 9 7    6    5 9 8
   +     8      +     6        +     7
   2 0 3        4 0 3          6 0 5
```

```
7    2 9 4    8    5 9 6    9    7 9 5
   +     6      +     7        +     9
   3 0 0        6 0 3          8 0 4
```

```
10    8 4    11    3 6      12    2 9
    + 2 9        + 9 8          + 8 7
    1 1 3        1 3 4          1 1 6
```

```
13    7 6    14    6 7      15    8 4
    + 8 6        + 9 9          + 5 8
    1 6 2        1 6 6          1 4 2
```

🕐 계산을 하시오. (16~31)

16 9 7 + 4 = 1 0 1 **17** 9 9 + 5 = 1 0 4

18 9 6 + 7 = 1 0 3 **19** 9 8 + 9 = 1 0 7

20 1 9 6 + 4 = 2 0 0 **21** 2 9 7 + 8 = 3 0 5

22 3 9 7 + 9 = 4 0 6 **23** 6 9 3 + 9 = 7 0 2

24 8 5 + 3 8 = 1 2 3 **25** 4 6 + 8 6 = 1 3 2

26 6 7 + 3 8 = 1 0 5 **27** 5 9 + 9 6 = 1 5 5

28 9 4 + 4 8 = 1 4 2 **29** 8 8 + 3 5 = 1 2 3

30 7 9 + 6 8 = 1 4 7 **31** 6 8 + 5 4 = 1 2 2

P 112

확인 평가

주어진 식을 두 가지 방법으로 계산하시오. (32 ~ 37)

32 (59+63)
예)
방법 ①
59+63=59+60+3
=119+3=122
방법 ②
59+63=59+1+62
=60+62=122

33 (48+52)
예)
방법 ①
48+52=48+50+2
=98+2=100
방법 ②
48+52=40+50+8+2
=90+10=100

34 (69+55)
예)
방법 ①
69+55=69+50+5
=119+5=124
방법 ②
69+55=69+1+54
=70+54=124

35 (36+87)
예)
방법 ①
36+87=30+80+6+7
=110+13=123
방법 ②
36+87=33+3+87
=33+90=123

36 (65+88)
예)
방법 ①
65+88=60+80+5+8
=140+13=153
방법 ②
65+88=63+2+88
=63+90=153

37 (78+89)
예)
방법 ①
78+89=70+80+8+9
=150+17=167
방법 ②
78+89=77+1+89
=77+90=167

크라운 온라인 평가 응시 방법

에듀왕닷컴 접속 www.eduwang.com
⌄
메인 상단 메뉴에서 단원평가 클릭
⌄
단계 및 단원 선택
⌄
온라인 단원평가 실시(30분 동안 평가 실시)
⌄
크라운 확인

각 단원평가를 통해 100점을 받으시면 크라운 1개를 드리며, 획득하신 크라운으로 에듀왕 닷컴에서 판매하고 있는 교재 및 서비스를 무료로 구매하실 수 있습니다.

(크라운 1개 – 1000원)

초등 수학의 기본은 연산력!!

신기한
연산왕

B-1 초2 수준 정답